水利工程造价电算编制

黄自瑾　马　斌　黄　元　编

黄 河 水 利 出 版 社

内容提要

本书共分五章。第一章简述了水利工程费用组成与造价编制程序；第二章介绍了用 Excel 编制工程造价的方法；第三章是本书重点，着重讲述了水利工程概算的电算编制方法；第四章与第五章分别简介了水利工程投资估算与预算的电算编制方法。

本书可作为水利工程概、预算编制人员的参考书和上岗培训教材，也可作为大专院校水利工程、工程管理等专业师生的参考书。

图书在版编目(CIP)数据

水利工程造价电算编制/黄自瑾，马斌，黄元编. —郑州：黄河水利出版社，2005.4(2009.4 重印)
ISBN 7-80621-892-0

Ⅰ.水… Ⅱ.①黄… ②马… ③黄… Ⅲ.水利工程-建筑造价-预算编制 Ⅳ.TV512

中国版本图书馆 CIP 数据核字(2005)第 015299 号

出 版 社：黄河水利出版社

地址：河南省郑州市顺河路黄委会综合楼 14 层　邮政编码：450003

发行单位：黄河水利出版社

发行部电话及传真：0371-66022620

E-mail：hhslcbs@126.com

承印单位：黄河水利委员会印刷厂

开本：850mm×1 168mm　1/32

印张：3.875

字数：94 千字　　印数：3 101—6 100

版次：2005 年 4 月第 1 版　　印次：2009 年 4 月第 2 次印刷

书号：ISBN 7-80621-892-0/TV·397　　定价：12.00 元

前　言

编制工程造价数据多,计算工作量大,而且烦琐。利用计算机,编制人员只须设计计算过程、输入计算式,计算完全由计算机完成,计算快捷,结果准确。

2002 年水利部颁布了《水利工程设计概(估)算编制规定》、《水利建筑工程概算定额》、《水利水电设备安装工程概算定额》、《水利建筑工程预算定额》、《水利水电设备安装工程预算定额》和《水利工程施工机械台时费定额》。编者依照以上规定和定额,应用 Excel 软件编写了此书,愿能为水利工程概、预算编制人员提供一定的帮助。

本书由黄自瑾主编,马斌编写第二章第二节,机上演算由黄元完成。

在编写过程中,李守义教授提出了许多宝贵意见,张壮志作了部分电算资料的整理工作,在此特表感谢。

限于作者水平,不妥或错误之处,请读者批评指正。

编　者

2004 年 12 月

目　录

绪 言

社会的发展和人的生活都离不开水。自然界水的分布与人的需要在时、空上并不一致。一条河流汛期水多、平时水少，须修水库以对水量在时间上进行调节；一个地区水多，另一个地区水少，须修引水工程以对水量在空间上进行调节。兴修水利工程必须编制工程造价。

编制工程造价的基本计算式很简单，主要是各工程或费用项目的数量乘以工程单价或规定价格，计算过程并不是很难，主要是加、减、乘、除。但是，编制工程造价数据多，计算工作量大，是一项很烦琐的工作。特别是水利工程，组成的项目多、工程结构复杂，编制其造价更是烦琐。现在电子计算机的应用已很普遍，应用电算编制工程造价，烦琐的计算工作由计算机完成，这是减轻工程造价编制人员负担、提高编制效率的必由之路。特别是在工程投标之际，编制标书的时间有限，要求快速完成报价编制，应用电算便能迎刃而解。

微软公司开发的 Excel 软件，具有计算、绘图等多种功能。用 Excel 的工作表编制工程造价，操作简单、快捷方便。只要具有电脑打字能力，就能顺利运用 Excel 软件。

Excel 概、预算软件的形式是工作表，完全适合于编制工程造价的表格形式，每一个工作表都是软件的一个子程序，如果改变一个工作表中的某一个数据，利用该数据算出其他工作表中的数据将自动计算改动。在计算过程中，需要查阅、修改某个工作表时，只要选择了工作表名，该工作表就能自动显示出来。软件具有复制公式的功能和求和（SUM）函数，使计算快速、准确。

水利部 2002 年颁布了水利水电工程概、预算系列定额，其中包括《水利工程设计概(估)算编制规定》(以下简称《编制规定》)。本书主要说明按照《编制规定》用 Excel 编制水利工程概、预算的方法。这种方法也可用于编制投资估算、施工图预算、标底、报价、施工预算。

本书主要内容包括概、预算编制的基本原理,用 Excel 编制概、预算的基本方法,水利工程概算电算编制方法,并简述了投资估算、预算的编制。

用 Excel 编制工程造价,编制人员要设计计算过程和输入计算式,计算过程由计算机完成。设计计算过程并不很难,但计算过程设计得好,就能提高计算效率。设计计算过程的技巧,主要是充分利用 Excel 的公式复制、SUM 函数求和与数据自动修改三个功能。如何设计计算过程,通过学习本书内容自会有所领悟,但还必须通过上机实践以提高计算技术水平。

学习用电算编制工程概、预算,必须把理论学习和实际上机操作结合起来。为此,书中适当的地方均列有练习题,以便随学随练、迅速掌握。

熟能生巧,要熟就要多练。熟练达到一定程度,在技能上就会产生飞跃,领悟出新的运算技巧。

用 Excel 编制工程造价是一种通用的方法,掌握了这种方法,不仅能用于水利工程,也能用于水土保持工程、建筑工程、道路工程、铁道工程等的工程造价编制。愿从事水利工程与土木工程的概、预算编制人员都掌握应用电算编制工程造价的方法。

第一章　水利工程费用组成与造价编制程序

第一节　水利工程费用组成

一、水利工程分类

水利工程按工程性质分为两大类：

(1)枢纽工程。包括水库、水电站和其他大型独立建筑物。

(2)引水工程及河道工程。包括供水工程、灌溉工程、河湖整治工程、堤防工程。

《水利工程设计概(估)算编制规定》(以下简称《编制规定》)中规定的枢纽工程、引水及河道工程费用与费率不同,编制水利工程概(估)、预算时,应区别对待。

二、水利工程费用组成

以概算为例,水利工程概算由工程、移民和环境两部分构成。

(1)工程部分。包括建筑工程、机电设备及安装工程、金属结构设备及安装工程、施工临时工程和独立费用五部分费用(通常称分部工程概算),以及预备费和建设期融资利息。

(2)移民和环境部分。包括水库移民征地补偿、水土保持工程和环境保护工程三部分费用,以及预备费和建设期融资利息。

总概算包括工程部分总概算与移民和环境部分总概算两部分。

三、分部工程费

(一)建筑工程、设备(机电、金属结构)及安装工程费

建筑工程、设备(机电、金属结构)及安装工程分一、二、三级项目。一级项目是按工程功能划分的大类,如挡水工程、引水工程、泄洪工程、发电厂房工程等;二级项目是一级项目包括的单位工程,如挡水工程中的混凝土坝(闸)、土(石)坝等;三级项目是二级项目包含的分项工程,如混凝土坝(闸)工程中的土方开挖、石方开挖、土石方回填、模板、混凝土、钢筋等,又如土(石)坝工程中的土方开挖、土料填筑、土工膜、防渗墙等。工程项目划分详见《编制规定》。

建筑工程费由所包含的三级项目的费用组成。

设备(机电、金属结构)及安装工程费由设备费和安装工程(三级项目)费组成。

(二)施工临时工程费

施工临时工程费由三级项目或二级项目组成。施工导流工程分一、二、三级项目,施工交通、供电及房屋建筑工程分一、二级项目。工程项目划分详见《编制规定》。

(三)独立费用

独立费用包括建设管理费、生产准备费、科研勘测设计费、建设及施工场地征用费和其他五项,分一、二两级项目。其费用由所包含的二级项目费用组成。

(四)水库移民征地补偿费

水库移民征地补偿费用由水库淹没的土地和地面附属物的补偿费组成。

(五)水土保持工程和环境保护工程费

水土保持工程和环境保护工程费用组成与工程部分的建筑工程、设备(机电、金属结构)及安装工程相同。

四、预备费

预备费包括基本预备费与价差预备费两部分。

(1)基本预备费。用以解决设计变更、国家政策变动及意外事故所增加的投资。

(2)价差预备费。用以解决人工工资、材料和设备价格上涨及费用标准调整而增加的投资。

五、建设期融资利息

工程建设融资时,应在建设期内偿还的融资利息。

第二节　水利工程造价编制程序及造价文件组成

一、编制程序

(一)准备工作

1.收集资料、了解工程情况和调查研究

(1)向各设计专业组了解工程情况,包括工程地质、工程规模、工程枢纽布置、主要水工建筑物的结构型式和主要技术数据、施工导流、对外交通条件、施工总体布置、施工进度计划及主体工程的施工方法等。

(2)深入现场了解工程现场及施工场地条件、砂石料开采条件以及场内交通运输条件和运输方式。

(3)向上级主管部门和工程所在省、自治区、直辖市的劳资、计划、基建、税务、物资供应、交通运输等部门及施工单位和制造厂家,收集编制概算所需的各项资料和有关规定。

2. 编写工作大纲

(1)确定编制原则与编制依据；

(2)确定计算基础单价的基本条件与参数；

(3)确定编制概算单价采用的定额、标准和有关数据；

(4)明确各专业互相提供资料的内容、深度要求和时间。

(二)编制工作

1. 工程分部分项、计算各分项工程的工程量

(1)熟悉设计图纸及说明书；

(2)按《编制规定》并参阅《概算定额》进行分部分项，划分出三级项目；

(3)计算三级项目工程量。

2. 计算基础单价

基础单价包括人工预算单价、材料预算价格、施工机械台时费、砂石料预算单价、混凝土材料单价和风、水、电价格等，是计算建筑工程、安装工程单价的基础。

3. 计算建筑及安装工程单价

建筑及安装工程单价包括工程中所有的分部分项(三级项目)工程单价。建筑及安装工程单价是做建筑及安装工程概算的基础，是编制概算的一个质量控制点，必须核对准确无误。

4. 计算设备费

5. 编制分部工程概算表

编制建筑工程、机电设备及安装工程、金属结构及安装工程、施工临时工程及独立费用概算表，即编制分部工程概算表。

6. 编制分年度投资表及资金流量表

7. 计算预备费与建设期融资利息

8. 汇总编成总概算表

9. 计算用工、用料量

水利工程概算编制程序见图1-1。

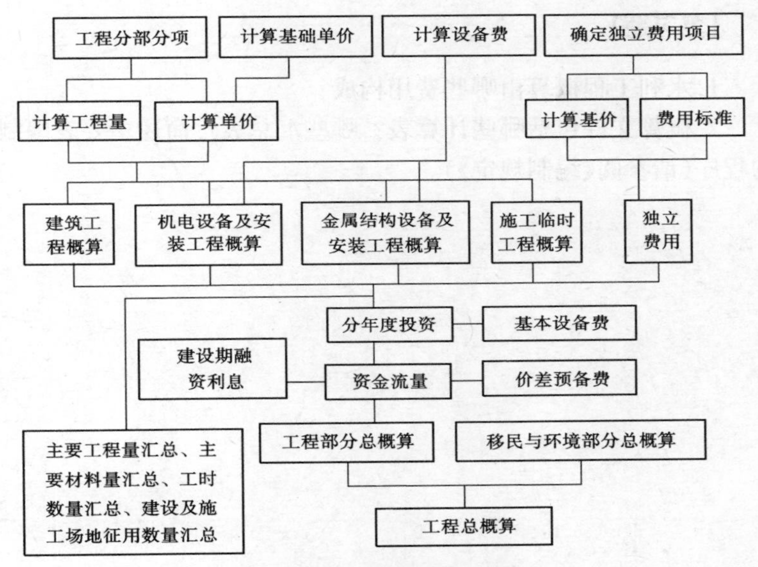

图 1-1　水利工程概算编制程序

二、工程造价文件组成

工程造价文件主要是概、预算表和各种单价(价格)计算表、汇总表。以概算文件为例,工程造价文件主要包括:

(1)编制说明。其内容有工程概况、投资主要指标、编制原则和依据、概算编制中其他应说明的问题、主要技术经济指标表、工程概算总表。

(2)工程部分概算表。包括概算表及单价(价格)汇总表。

(3)概算附件。主要包括各种单价、价格计算表。

水利工程概算文件的详细内容,请参阅《编制规定》。

【复习题】

1.水利工程概算由哪些费用构成?

2.概算文件包括哪些计算表?哪些汇总表?简述主要表编制的程序(请参阅《编制规定》)。

第二章　用 Excel 编制工程造价的方法

第一节　Excel 简介

Excel 是微软公司开发的一种电子表格软件。Excel 具有强大的功能和良好的人机交互对话界面，它可以方便地制作各种电子表格，适用于处理数据和报表，并能够方便迅速地制作复杂的图表，用户可以使用公式进行各种运算，是工程造价编制的有效方法之一，也是编制工程造价计算机教学的有效模式。

下面以 Excel 2000 为例来介绍用 Excel 编制工程造价的方法。

一、Excel 的启动与退出

Excel 2000 是在 Windows 操作系统中的一个应用软件。在 Windows 95、98 或 2000 中均可以安装运行 Excel。

启动 Excel 2000 的步骤是：

(1)打开计算机，启动运行系统。

(2)单击左下角的“开始”按钮，移动鼠标，使指针移动到“程序”项上，程序子菜单将出现“Microsoft Excel”选项，如图 2-1 所示。

(3)单击“Microsoft Excel”选项，Excel 2000 开始启动。

Excel 的启动，也可用快捷方式，即双击(连击鼠标左键两次)桌面上的 Microsoft Excel 图标，即可直接进入 Excel。

在 Excel 2000 中制作完成工作表以后，用户如需要退出 Excel，只要单击 Excel 2000 右上角的“×”按钮，或单击 Excel 2000

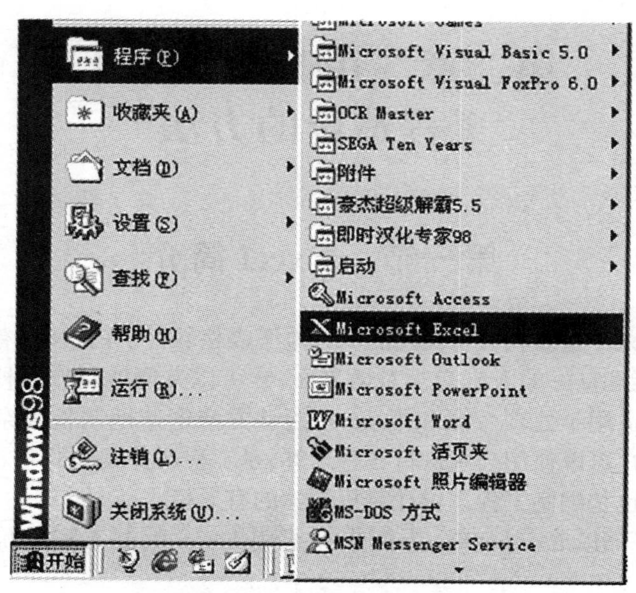

图 2-1　Excel 的启动与退出

“文件”菜单中的“退出”即可。

二、Excel 2000 窗口基本元素

在 Excel 工作表编辑界面中，有一些窗口基本元素，如菜单、工作表、状态栏、滚动条、工作表标签、工具栏、行号、列号及单元格等(见图 2-2)。

(一)标题栏

标题栏位于窗口的最上端，标题栏中注有“Microsoft Excel －工作簿名称”，标题栏中工作表名称是当前工作表的名称。

(二)菜单

标题栏下面是菜单条。菜单条中有很多选项，分别是“文件”、“编辑”、“视图”、“插入”、“格式”、“工具”、“数据”、“窗口”和“帮

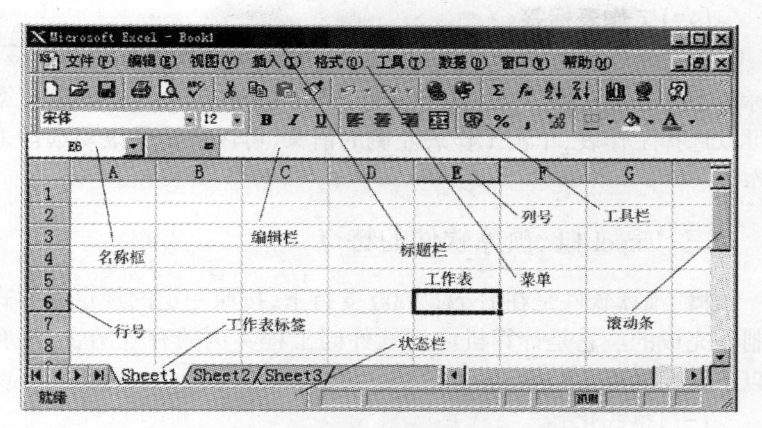

图 2-2　Excel 2000 窗口基本元素

助”。要选择菜单命令,只要单击相应的选项,在下拉菜单中单击相应的命令即可。

(三)工具栏

工具栏位于菜单条的下方,它由一些命令按钮组成,命令按钮是表面画有一定图案的功能按钮,使用命令按钮比使用菜单方便、快捷、直观、便于记忆。

(四)名称框和编辑栏

名称框和编辑栏位于工作表的上部。当选择单元格或区域时,名称框将显示相应的单元格或区域名称。当向单元格输入文字、数据、公式时,编辑栏会显示单元格中的文字、数据或公式。

(五)工作表

工作表是由单元格组成的数据表格,每个单元格都有行号和列号,行号位于行的左端,列号位于列的上面。行号从上到下的顺序是“1,2,3,…”,列号从左到右顺序是“A,B,C,…”。单元格号是“A1,A2 ,B5,C7,…”。单元格被选中,名称框和编辑栏分别显示它的地址和数据。

（六）工作表标签

每个工作簿可以分有多个工作表，每个工作表都有一个标签，标签上标注着工作表名，如 Sheet1，Sheet2，Sheet3，…。单击标签可以选择工作表，单击工作表左侧的箭头，可以使标签滚动选择工作表。

三、Excel 概、预算软件的特点

概、预算软件是在 Excel 2000 支持下，按照一定的规定和格式制作完成的。它是计算机应用软件同工程实例的有效结合，具有以下几个特点。

（一）格式化强

软件的工作表完全符合编制概、预算规定的格式。它具有严格的先后顺序和逻辑关系，每一表格具有固定的格式，层次清晰，一目了然。

（二）透明度高

该软件的运算过程是高度透明可见的，软件中大量采用了公式复制和引用。如果改动基础单价或工程数量，软件的其他部分将自动完成其余的计算，并即刻在原单元格中显示改变后的总计。计算过程可以通过工作表显示出来，每一个工作表就是软件的一个子程序，计算过程展示在前台，透明可见。可以随时调用软件的任何部分，按需要选择工作表名，它将自动显示表中内容。使用者可对表中内容进行分析、修改、编辑，进行交互式的人机对话。软件具有很强的连贯性和逻辑性，前面的工作表支持后面的工作表，每一个环节紧密相连。

（三）通用性强

该软件用于土木工程的概、预算时，将其中的工、料、机的单价，工程数量，费率及工程项目名称等做相应调整，即可完成其编制工作，而计算格式和程序都无需改动。故该软件可以作为概、预

算的通用软件。

（四）快速、准确、完整、简便

该软件还有节省编制时间、减少手算错误、修改方便等特点，它可以做到计算快速、准确、完整、简便。从而可以将概、预算人员从烦琐的计算中解放出来，使他们有更多的精力从事调查研究，收集和分析基本资料，合理选择切实可靠的计算参数和定额，着力基础工作，进一步提高概、预算的准确性。同时，概、预算软件也是建设项目管理信息系统不可缺少的一个子系统，是工程建设投资管理与控制的重要手段之一。

（五）"教与学"的有效模式

有利于初学者既掌握计算机编程，又熟悉工程造价的编制过程，是工程造价计算机编程"教与学"的有效模式之一。

第二节　用 Excel 编制概、预算方法简述

一、单元格地址代号

单元格内的数据，用单元格的地址代号代表。单元格的地址代号有三种：

（1）相对地址代号。如 A1、B2 等，用同一工作表内单元格的数据且不固定时，用相对地址代号。

（2）绝对地址代号。绝对地址代号是在列、行前加 $，如 $A$1、$B$2 等。用另外工作表内单元格的数据时，须用单元格的绝对地址代号，并且在前面要冠以工作表名加!，例如：人工价!$A$1。本表中某单元格的数据在复制公式中使用，也须用绝对地址代号，但前面不冠工作表名。

（3）混合地址代号。如 $A1（A 列绝对，行相对），A$1（列相对，1 行绝对）。

二、Excel 常用运算符号及几个函数

(一)常用运算符号

常用运算符号有加(+)、减(-)、乘(*)、除(/)、括号(())、等号(=)、百分数(%)等。输入计算式时,在计算式前须输入等号(=),否则,不能启动计算。遇到‰,须换成%。遇到[ ],须换成()。

(二)自动求和符号∑

自动求和符号位于工具栏。求同行或同列一组数据的和时可用∑。击活被求和的单元格,单击∑,按 Enter 键,和值即显示。

(三)函数符号

本书用到的几个函数简介如下:

(1)SUM。是 Excel 中设置的求和函数。用于连续单元格的数据求和,括号必须成对。例如 SUM(C1:G1),表示 C1~G1 全部单元格内的数值求和。SUM 函数既能用于列中连续单元格数值相加,也能用于行中连续单元格数值相加。用 SUM 求和,各单元格必须连接。如 C1 + D1 + E1 + G1(不包括 F1),不能写成 SUM(C1:G1),可写成 SUM(C1:E1) + G1。但若 F1 为 0,则仍可写成 SUM(C1:G1)。

(2)MAX。是 Excel 设置的求一组数据中最大值的函数。例如:MAX(C1:G1),即求 C1、D1、E1、F1、G1 五个单元格中数据的最大值。

(3)MIN。是 Excel 中设置的求一组数据中最小数的函数。

(4)POWER。是 Excel 中设置的幂函数。如求 $A1^{B1}$,则应写成 POWER(A1,B1)。

三、Excel 运算操作

(一)界面移动

(1)上下移动。向后转动鼠标中间转轮,界面向上移动;向前

转动,界面向下移动。也可单击界面右侧滚动条上的箭头使界面上、下移动。

(2)左右移动。单击工作表右侧的箭头"▶",表向左移;单击左侧的箭头"◀",表向右移。

(二)工作表标签移动

单击工作表下边左角的箭头,可使工作表标签移动。

(三)输入文字、数据、计算式

(1)输入方法有两种:①键盘输入。简称输入。数据、文字或计算式要进入Excel工作表,须用键盘输入。要将数据或文字输入某个单元格,用鼠标指针指向该单元格,并单击鼠标左键,击活该单元格,用键盘打字输入数据或文字。输入计算式时,须在计算式前输"="号,输入完后,按Enter键确认,则显示出计算结果。②调入。另一个工作表的数据要输入当前工作表,就属调入。如要将甲工作表中C5单元格的数据调入当前工作表乙的D6单元格,击活D6单元格输入"="号,再用鼠标指针单击当前工作表下边的工作表标签中的甲,则甲工作表立即显示在屏幕上,再用指针指向甲工作表上的C5单元格,并单击,按Enter键,工作表乙自动返回,数据也已调入。调入法就像用集装箱搬家,能确保调入数字准确。

(2)输入位置有两种:①在单元格输入。击活该单元格,在该单元格内用键盘输入文字、数据或计算式。这时,在名称框即显示该单元格名称,在编辑栏即显示文字、数据或计算式。②在编辑栏输入。击活该单元格,在编辑栏输文字、数据或计算式,在该单元格即显示出文字、数据或计算式。

注意:输入计算式时,前面须输入"="号,输入完毕,按Enter键确认。

(四)运算

1. 运算过程设计

用Excel编制概、预算,操作人员须设计运算过程,输入计算式，计算由计算机完成。

设计运算过程，要按照《编制办法》的要求，并尽可能利用Excel能复制公式的特点，使计算快捷。

当一系列计算的公式相同时，只须输入第一个计算式，以下计算即可用复制公式的方法，具体作法见后。

2. 输入计算式

要计算某个单元格的数值，须击活该单元格，在该单元格输入计算式（前加“=”号），也可在编辑栏输入。计算式中的数据最好用单元格的地址代号，若数据在当前工作表中，要用相对地址代号，当该单元格数据在复制公式中使用时须用绝对地址代号（前面不冠表名）；若数据在另一工作表内，须用绝对地址代号。

3. 计算完成

计算式输入完毕，确认（即按 Enter 键），计算结果立即显示在该单元格内。

按 Enter 键，是告诉计算机，计算式已输入完毕，可以进行计算。否则，计算机不会启动计算。

【例 2-1】 用 Excel 计算表 2-1 所示涵管工程的概算。

解：计算步骤如下：

（1）计算挖土方费用。击活 F3 单元格，输入“=D3 * E3”，确认（即按 Enter 键），在 F3 单元格即显示出结果。

（2）计算各项工程费用。Excel 具有公式复制的功能。由于各项工程费用的计算公式与挖土方相同，均为 D 列 * E 列。因此，可以用下拉的方法，即击活 F3 单元格，鼠标指针指向 F3 单元格右下角的小黑方块，鼠标指针变成十字形时，按住鼠标左键下拉，到 F4 单元格，计算式变成 D4 * E4，F4 单元格即显示出计算结果，继续下拉，直到 F9 单元格，可求出各项工程的费用。

（3）计算概算值（合计）。用 SUM 函数。击活 F10 单元格，输入“=SUM(F3:F9)”，确认。用 SUM 函数求和，也可用 SUM 对

表 2-1　涵管工程概算表

F3	=	=D3*E3				
	A	B	C	D	E	F
1	涵管工程概算表					
2	序号	工程项目名称	单位	数量	单价(元)	合计(元)
3	1	挖土方	m^3	284.00	12.71	3609.64
4	2	闸阀井混凝土C20	m^3	20.50	425.95	8731.98
5	3	涵管基础混凝土C20	m^3	172.80	341.49	59009.47
6	4	挡土墙混凝土C15	m^3	189.70	350.84	66554.35
7	5	钢筋制安	t	1.40	4445.97	6224.36
8	6	浆砌石拱涵	m^3	412.90	168.79	69693.39
9	7	蝴蝶阀安装	台	2.00	4299.57	8599.14
10	8	合计				222422.33

Sheet1 / Sheet2 / Sheet3

话框。击活 F10 单元格,单击编辑栏中的"="号,再单击名称框的 SUM,SUM 对话框即显示在荧屏上,单击"确定"按钮,和即求出。

(五)数据修改

当工作表中某个数据修改(变动)后,凡计算中用到这个数据的单元格的数据都随之改变,用该数据计算的结果也自动调整过来,这是 Excel 一大优点。

【例 2-2】　将表 2-1 中挖土方的数量改为 300m³,单击 F3 单元格,F3 单元格即显示出 3813。F10 单元格的数字自动调整为 222625.69。

【练习题】

1.启动 Excel 工作表。

(1)用常用方法;

(2)用快捷方式。

2. 用调入方法将附表 2-1 中的工程量及单价调入 Excel 工作表 Sheet1。并用电算求出甲～戊五项工程总费用。

附表 2-1

工程项目名称	工程量(m^3)	单价(元)	合计(元)
甲	400	10	4000
乙	200	15	3000
丙	300	30	9000
丁	100	20	2000
戊	50	60	3000

(1)用下拉法求各工程项目的费用(合计);

(2)用 SUM 函数求五项工程总费用;

(3)用 SUM 对话框求五项工程总费用。

3. 数据修改练习

(1)将附表 2-1(Sheet1)中的甲～戊的工程总费用调入附表 2-2(Sheet2)中的 B2 单元格,电算求出 Sheet2 表中三项工程的总费用。

(2)将练习题 2 附表 2-1 中甲的工程量改为 1200,计算 Excel 工作表 Sheet1 中甲～戊五项工程总费用。

(3)计算附表 2(Sheet2)表中三项工程总费用。

4. 公式复制练习一:下拉法

(1)绝对单元格地址代号使用。

① 计算附表 2-3 的 D 列。

D1 = A1 × (B1 + C1)

D2 = A2 × (B1 + C1)

D3 = A3 × (B1 + C1)

D4 = A4 × (B1 + C1)

② 计算附表 2-3 中的 E 列。

附表 2-2

B4 = 23000

	A	B
1	工程项目	工程费用（元）
2	甲~戊	21000
3	已~庚	22000
4	辰~未	23000
5	合计	

Sheet1 Sheet2 Sheet3

附表 2-3

C5 =

	A	B	C	D	E
1	2	3	4		
2	5	4	8		
3	7	6	5		
4	9	2	7		
5	……				

Sheet1 Sheet2

E1 = A1 × 附表 2-4 中的(A1 + B1)

E2 = A2 × 附表 2-4 中的(A1 + B1)

E3 = A3 × 附表 2-4 中的(A1 + B1)

E4 = A4 × 附表 2-4 中的(A1 + B1)

(2)不同行单元格运算。

计算附表 2-4 中的 C 列。

C2 = A1 + B2

附表　2-4

D4 =

	A	B	C	D
1	5	2		
2	6	3		
3	7	5		
4	8	6		
5	······			

Sheet1 / Sheet2 / Sheet3

C3 = A2 + B3

C4 = A3 + B4

5. 公式复制练习二:右拉法

计算附表 2-3 中的 5 行,B5 与 C5 用右拉法。

A5 = A1 + A2 + A3 + A4

B5 = B1 + B2 + B3 + B4

C5 = C1 + C2 + C3 + C4

第三章　水利工程设计概算电算编制

第一节　基础单价计算

基础单价包括人工预算单价，材料预算价格，施工机械使用费，砂、石料单价，混凝土材料单价和风、水、电预算价格。

一、人工预算单价

《编制规定》的人工预算单价按下式计算：

人工工日预算单价(元/工日)＝基本工资＋辅助工资＋工资附加费

人工工时预算单价(元/工时)＝人工工日预算单价(元/工日)÷8(工时/工日)

(一)基本工资(元/工日)

基本工资＝基本工资标准(元/月)×地区工资系数×12月÷年应工作天数×1.068

对上式各项说明如下：

(1)地区工资系数。我国劳动工资分七区，六类地区工资系数为1，劳动部规定的七～十一类地区的工资系数见表3-1。

表3-1　七～十一类地区工资系数

地区	七	八	九	十	十一
工资系数	1.0261	1.0522	1.0783	1.1043	1.1304

(2)基本工资标准。枢纽工程工人、引水工程及河道工程工人均分工长、高级工、中级工、初级工四类。《编制规定》中第六章给

出了六类工资区各类工人的基本工资标准，可查用。

(3)1.068 是年应工作天数内非工作(学习、培训、调动工作、探亲、请假、因气候影响停工、女工哺乳期、病假在六个月以内等期间)天数的工资系数。

(4)年应工作天数为 251 工日。

(二)辅助工资(元/工日)

辅助工资包括地区津贴、施工津贴、夜餐津贴和节日加班津贴。

(1)地区津贴＝津贴标准(元/月)×12 月÷年应工作日数×1.068

(2)施工津贴＝津贴标准(元/日)×365 日×0.95÷年应工作日数×1.068

(3)夜餐津贴＝(中班津贴标准＋夜班津贴标准)÷2×(20%～30%)

(4)节日加班津贴＝基本工资(元/工日)×3×10÷年应工作天数×35%

枢纽工程、引水及河道工程的各项津贴的标准不同，使用时可查阅《编制规定》第六章表 2。

(三)工资附加费(元/工日)

工资附加费包括职工福利基金、工会经费、养老保险费、医疗保险费、工伤保险费、职工失业保险基金和住房公积金。

工资附加费是以基本工资与辅助工资之和为计算基数，再乘以费率标准得出。费率标准，工长、高级、中级工相同，初级工不同。使用时查阅《编制规定》第六章表 3。

用 Excel 计算人工预算单价时，事先列出六类工资区的计算表，当工程在非六类地区时，只须更换地区工资系数和地区津贴标准两个数字，Excel 自动调整计算结果。

【例 3-1】 用 Excel 计算六类工资地区枢纽工程的人工工时

预算单价，见表 3-2。

解：计算过程如下：

1. 计算初级工的工时预算单价

1）计算基本工资

按计算公式进行。击活 D3 单元格，输入“=270 * 1 * 12/251 * 1.068”（270 是六类工资区初级工的基本工资标准），确认。

表 3-2　人工预算单价计算表

D3　=　=270*1*12/251*1.068

	A	B	C	D	E	F	G
1	人工预算单价计算表						
2	序号	项目	计算公式	初级工	中级工	高级工	工长
3	1	基本工资	基本工资标准*地区工资系数*12月/年应工作日数*1.068	13.79	20.42	25.53	28.08
4	2	辅助工资	(1)+(2)+(3)+(4)	5.69	9.87	10.09	10.19
5		(1)地区津贴					
6		(2)施工津贴	津贴标准*365*0.95/年应工作日数*1.068	3.91	7.82	7.82	7.82
7		(3)夜餐津贴	津贴标准*30%	1.20	1.20	1.20	1.20
8		(4)节日加班津贴	基本工资（元/工日）*3*10/年应工作日数*35%	0.58	0.85	1.07	1.17
9	3	工资附加费	(1)+(2)+(3)+(4)+(5)+(6)+(7)	4.87	14.69	17.27	18.56
10		(1)职工福利基金	（基本工资+辅助工资）*费率标准	1.36	4.24	4.99	5.36
11		(2)工会经费	（基本工资+辅助工资）*费率标准	0.19	0.61	0.71	0.77
12		(3)养老保险费	（基本工资+辅助工资）*费率标准	1.95	6.06	7.12	7.65
13		(4)医疗保险费	（基本工资+辅助工资）*费率标准	0.39	1.21	1.42	1.53
14		(5)工伤保险费	（基本工资+辅助工资）*费率标准	0.29	0.45	0.53	0.57
15		(6)职工失业保险基金	（基本工资+辅助工资）*费率标准	0.19	0.61	0.71	0.77
16		(7)住房公积金	（基本工资+辅助工资）*费率标准	0.49	1.51	1.78	1.91
17	4	人工工日预算单价	1+2+3	24.35	44.99	52.89	56.83
18	5	人工工时预算单价	人工工日预算单价/8	3.04	5.62	6.61	7.10

人工价 / 材料价 / 风水电价 / 机械价 / 砂石价 / 自采砂石价 / 混凝土材料

2）计算辅助工资

地区津贴不予考虑，计算如下。

计算施工津贴：击活 D6 单元格，输入“=2.65 * 365 * 0.95/251 * 1.068”（2.65 是初级工施工津贴标准），确认。

计算夜餐津贴：击活 D7 单元格，输入“=(4.5 + 3.5)/2 *

30%”(4.5 与 3.5 分别是夜班和中班的夜餐津贴标准),确认。

计算节日加班津贴:击活 D8 单元格,输入“=D3 * 3 * 10/251 * 35%”,确认。

计算辅助工资总计:击活 D4 单元格,输入“= SUM(D5:D8)”,确认。

3)计算工资附加费

首先查《编制规定》中初级工工资附加费中各项费用的标准,然后计算。

计算职工福利基金:击活 D10 单元格,输入“=(D3 + D4) * 7%”,确认(7%是初级工职工福利基金的费率标准,下同)。

计算工会经费:击活 D11 单元格,输入“=(D3 + D4) * 1%”,确认。

计算养老保险费:击活 D12 单元格,输入“=(D3 + D4) * 10%”,确认。

计算医疗保险费:击活 D13 单元格,输入“=(D3 + D4) * 2%”,确认。

计算工伤保险费:击活 D14 单元格,输入“=(D3 + D4) * 1.5%”,确认。

计算职工失业保险基金:击活 D15 单元格,输入“=(D3 + D4) * 1%”,确认。

计算住房公积金:击活 D16 单元格,输入“=(D3 + D4) * 2.5%”,确认。

计算工资附加费总计:击活 D9 单元格,输入“= SUM(D10:D16)”,确认。

4)计算人工工日预算单价

击活 D17 单元格,输入“=D3 + D4 + D9”,确认。

5)计算人工工时预算单价

击活 D18 单元格,输入“=D17/8”,确认。

2. 计算中级工、高级工及工长工时预算单价

计算过程与初级工相同。只须做下列改变:

(1)中级工、高级工、工长的基本工资标准与初级工不同;

(2)施工津贴与初级工不同;

(3)工资附加费费率标准与初级工不同。

【练习题 3-1】 用 Excel 计算枢纽工程中级工、高级工、工长的工时预算单价(基本工资标准中级工为 400 元/月,高级工为 500 元/月,工长为 550 元/月;施工津贴为 5.3 元/天,工资附加费率除工伤保险费与初级工相同外,其余均为初级工的 2 倍)。

为了使计算快捷,应尽可能利用 Excel 能复制公式的特点,示例如下。

【例 3-2】 计算枢纽工程初级工的工时预算单价。

解:将计算表格设计成表 3-3 的形式,E23 = C23 * D23,然后用下拉方法求 E25~E28 和 E30~E36。

计算过程如下:

(1)首先将《编制规定》的有关数值输入 C23、C25、C26、C27、D27 和 D30~D36 单元格。

(2)计算 C 列、D 列有关数值。

击活 D23 单元格,输入"= 12/251 * 1.068",确认。D25 单元格的计算式与 D23 单元格相同,可用复制方法,即击活 D23 单元格,用鼠标指针(十字形)指向右下角的黑方块,按住鼠标左键下拉(及时消去 D24 单元格的 0.05106),即可。

击活 D26 单元格,输入"= 365 * 0.95/251 * 1.068",确认。

击活 D28 单元格,输入"= 30/251 * 35%",确认。

(3) 计算基本工资。击活 E23 单元格,输入"= C23 * D23",确认。

(4)计算辅助工资。①在 C28 单元格调入基本工资:击活 C28 单元格,输入"= E23", 确认。用下拉方法求出 E25~E28 单元格

表 3-3　人工预算单价计算表

E23　字号 =　=C23*D23

	A	B	C	D	E
21	人工预算单价计算表（六类工资区初级工）				
22	序号	费用项目	费用标准	计算参数、费率	工资(元)
23	1	基本工资	270	0.05106	13.79
24	2	辅助工资			5.69
25	(1)	地区津贴	0	0.05106	0.00
26	(2)	施工津贴	2.65	1.475414	3.91
27	(3)	夜餐津贴	4	30%	1.20
28	(4)	节日加班津贴	13.79	0.041833	0.58
29	3	工资附加费			4.87
30	(1)	职工福利基金	19.47	7%	1.36
31	(2)	工会经费	19.47	1%	0.19
32	(3)	养老保险费	19.47	10%	1.95
33	(4)	医疗保险费	19.47	2%	0.39
34	(5)	工伤保险费	19.47	1.5%	0.29
35	(6)	职工失业保险基金	19.47	1.0%	0.19
36	(7)	住房公积金	19.47	2.5%	0.49
37	4	人工工日预算单价			24.34
38	5	人工工时预算单价			3.04

人工价 / 材料价 / 风水电价 / 机械价 / 砂石价 / 自采砂子

的数值(由 E23 单元格开始下拉)。②求辅助工资:击活 E24 单元格,消去 0,输入“=SUM(E25:E28)”,确认。

(5)计算工资附加费。击活 C30 单元格,输入“= $E$23 + $E$24”(用绝对地址代号,是为了复制 C31～D36),确认。用复制方法复制出 C31～C36 单元格的数值。击活 E30 单元格,输入“=C30 * D30”,确认。用下拉法求出 E31～E36 单元格的值(由 E30 单元格开始下拉)。击活 E29 单元格,输入“=SUM(E30:E36)”,确认。

(6)计算人工工日预算单价。击活 E37 单元格,输入“=E23 +

E24+E29”,确认。

(7)计算人工工时预算单价。击活 E38 单元格,输入“=E37/8”,确认。

当工程在非六类地区,只须改变 C23、C25 两单元格的值,计算机会自动计算出结果。

【练习题 3-2】 由表 3-3 计算八类地区枢纽工程初级工的预算工资单价。设该地区津贴为 90 元/月。

提示:改变 C23、C25 单元格数据后,须单击 E23、E25 单元格。

【练习题 3-3】 用 Excel 计算八类地区枢纽工程中级工、高级工、工长的人工工时预算单价。

二、材料预算价格

计算材料预算价格时,首先要根据工程所含的分项工程,查概算定额或预算定额,确定出所用材料的名称规格及所用施工机械所需的燃料(油)名称规格,然后逐一计算。

材料包括主要材料、其他材料等。

主要材料指用量多、对工程投资影响大的材料,如钢材、水泥、粉煤灰、油料、火工产品、电缆及母线等,一般须编制材料预算价格,计算公式为:

材料预算价格=(材料原价+包装费+运杂费)×(1+采购及保管费率)+运输保险费

式中 材料原价——工程就近市场成交价或设计选定生产厂家出厂价;

包装费——按实际资料及有关规定计算;

运杂费——按所用运输方式(铁路、公路或水运)依实计算;

运输保险费——按工程所在省、自治区、直辖市或中国人民保险公司的规定计算;

采购及保管费率——3%。

计算主要材料预算价格须分两步进行:第一步,计算运杂费;第二步,计算材料预算价格。

为能用下拉法,将《编制规定》的主要材料运杂费计算表做适当改变(即将计算公式一栏改为单价、装卸费及其他费用三栏),见表 3-4。

表 3-4　主要材料运杂费计算表

H4 = =D4*E4+F4+G4

	A	B	C	D	E	F	G	H
1	主要材料运杂费计算表(325号水泥)							
2	序号	运杂费用项目	起止	运输距离(km)	单价(元/km)	装卸费(元/t)	其他费用(元)	运杂费(元)
3	1	铁路运杂费						
4	2	公路运杂费		22	0.6	3.8		17
5	3	水运运杂费						
6	4	场内运杂费						
7	合计							17

人工价 / 材料价 / 风水电价 / 机械价 / 砂石价

【例 3-3】　用 Excel 计算表 3-4 所列 325 号水泥的运杂费和表 3-5 所列材料的预算价格。

解:计算过程如下:

(1)首先输入运输距离、运费单价、装卸费及其他费用。

(2)计算各运输方式的运杂费。击活 H4 单元格,输入"=D4*E4+F4+G4",确认。用下拉法求出其他运输方式的运杂费。

(3)计算运杂费。击活 H7 单元格,输入"=SUM(H3:H6)"(也可用 SUM 对话框的方法),确认。

《编制规定》的主要材料预算价格计算表的格式见表 3-5。

将所有用到材料的名称规格及原价、包装费输入表 3-5,运费由表 3-4(运杂费表)调入,然后计算,计算过程如下所述。

表 3-5　主要材料预算价格计算表

K14　=SUM(F14:J14)　字体颜色（红

	A	B	C	D	E	F	G	H	I	J	K
11	主要材料预算价格计算表										
12						价格（元）					
13	编号	名称　规格	单位	单位毛重	运费(元)	原价	运杂费	包装费	采购及保管费	运输保险费	预算价格
14	1	水泥325	t	1.01	17.00	300.00	17.17		9.52	1.35	328.04
15	2	水泥425	t	1.01	17.00	345.00	17.17		10.87	1.55	374.59
16	3	柴油	t	1.00	47.80	3297.00	47.80		100.34	14.84	3459.98
17	4	汽油	t	1.17	47.80	3395.00	55.93		103.53	15.28	3569.74
18	5	粗砂	m^3	1.00							42.56
19	6	石子	m^3	1.00							42.68
20	7	外加剂	kg	1.01	0.12	1.38	0.12		0.05	0.01	1.56
21	8	钢板	t	1.00	200.00	4140.00	200.00		130.20	18.63	4488.83
22	9	电焊条	kg	1.10	0.23	6.26	0.25		0.20	0.03	6.74
23	10	氧气	m^3	1.17	0.49	10.28	0.57		0.33	0.05	11.23
24	11	乙炔气	m^3	1.17	0.49	8.11	0.57		0.26	0.04	8.98
25	12	油漆	kg	1.17	0.60	10.15	0.70		0.33	0.05	11.23
26	13	棉纱头	kg	1.00	0.12	2.05	0.12		0.07	0.01	2.25
27	14	掺和料	kg	1.01	0.12	4.55	0.12		0.14	0.02	4.83

人工价　材料价　风水电价　机械价　砂石价　自采砂石价　混凝土

(1)计算运杂费。击活 G14 单元格，输入“= D14 * E14”，确认，在 G13 单元格即显示水泥 325 的运杂费。再下拉求出其他材料的运杂费。

(2)计算采购保管费。击活 I14 单元格，输入“= SUM(F14:H14) * 3%”，确认，在 I14 单元格即显示出 325 号水泥的采购及保管费。用下拉法求出以下各材料的采购及保管费。3%是采购保管费率。

(3)计算运输保险费。击活 J14 单元格，输入“= F14 * 0.45%”，确认，在 J14 单元格即显示出 325 号水泥的运输保险费，用下拉法可求出以下各材料的运输保险费，0.45%是运输保险费率。

(4)计算材料预算价格。击活 K14 单元格，输入“= SUM(F14:J14)”，确认，在 K14 单元格，即显示出 325 号水泥的预算价格，用下拉法可求出以下各材料的预算价格。

三、施工用风、水、电预算价格

(一)施工用风价格

施工用风价格由基本风价、供风损耗和供风设施维修摊销费组成,计算公式如下。

(1)用水泵供水冷却:

$$施工用风价格=\frac{空气压缩机组(台)时总费用+水泵组(台)时总费用}{空气压缩机额定容量之和\times 60分钟\times K}\div(1-供风损耗率)+供风设施维修摊销费$$

(2)用循环水冷却:

$$施工用风价格=\frac{空气压缩机组(台)时总费用}{空气压缩机额定容量之和\times 60分钟\times K}\div(1-供风损耗率)+单位循环冷却水费+供水设施维修摊销费$$

式中,K 为能量利用系数。能量利用系数、供风损耗率、单位循环水费、供风设施维修摊销费,请查阅《编制规定》63 页。

用 Excel 计算时,首先用《水利工程施工机械台时费定额》作出有关空压机、水泵的台时费(见表 3-8),然后计算。

(二)施工用水价格

施工用水价格由基本水价、供水损耗摊销费和供水设施维修摊销费组成,计算公式如下:

$$施工用水价格=\frac{水泵组(台)时总费用}{水泵额定容量之和\times K}\div(1-供水损耗率)+供水设施维修摊销费$$

式中,K 为能量利用系数。能量利用系数、供水损耗率、供水设施维修摊销费,请查阅《编制规定》62 页。

(三)施工用电价格

施工用电价格由基本电价、电能损耗摊销费和供电设施维修摊销费组成。

基本电价:自发电价是指发电厂的单位发电成本,电网电价是指所需支付的单位供电成本。

电能损耗摊销费:供电到施工点最后一级降压变压器低压侧所有的线路及变配电设备电能损耗摊销。

供电设施维修摊销费:变、配电设备的基本折旧费、大修理折旧费、安装拆除费、设备及输电线路的运行维护费用的摊销。

电价计算公式如下:

电网供电价格＝基本电价÷(1－高压输电线路损耗率)÷(1－35kV以下变配电设备及配电线路损耗率)＋供电设施维修摊销费(变配电设备除外)

柴油发电机供电电价(自设水泵供冷却水)＝(柴油发电机组(台)时总费用＋水泵组(台)时总费用)÷柴油发电机额定容量之和÷K÷(1－厂用电率)÷(1－变配电设备及配电线路损耗率)＋供电设施维修摊销费

柴油发电机发电用循环水冷却,不用水泵,电价计算公式为:

柴油发电机电价＝柴油发电机组(台)时总费用÷柴油发电机额定容量之和÷K÷(1－厂用电率)÷(1－变配电设备及配电线路损耗率)＋单位循环冷却水费＋供电设施维修摊销费

式中,K 为发电机出力系数。发电机出力系数、厂用电率、高压输电线路损耗率、单位循环冷却水费、变配设备及配电线路损耗率、供电设施维修摊销费,请查阅《编制规定》62 页。

【例 3-4】 用 Excel 计算六类地区某枢纽工程的风、水、电价格,空压机用水泵供水冷却,供电用国家电网电。

解:首先查《编制规定》确定各个系数,输入相应单元格。施工用风的能量利用系数取 0.7,供风损耗率取 10%,供风设施维修摊销费取 0.003 元/m^3；施工用水的能量利用指标取 0.8，供水损耗率取 10%，供水设施维修摊销费取 0.03 元/m^3；施工用电由电网取电，电价 0.42 元/(kW·h)，高压线损失率取 5%，配电设备及线路损耗率取 7%，然后计算(见表 3-6)。计算过程如下。

表 3-6　风、水、电价格计算表

H5 = =(B5+C5)/D5/60/E5/(1-F5%)+G5

	A	B	C	D	E	F	G	H
1	风水电价格计算表							
2	施工用风价格							
3	序号	空压机总费用	水泵总费用	空压机额定容量之和	能量利用系数	供风损耗率	供风设施维修摊销费	供风价格
4		元	元			%	元/m^3	元/m^3
5	1	197.82	13.40	20	0.70	10	0.003	0.28
6	……							
7								
8	施工用水价格							
9	序号	水泵台时总费用	水泵额定容量之和	能量利用系数	供水损耗率	维修摊销费		供水价格
10		元	m^3/h		%	元		元/m^3
11	1	76	124	0.80	10	0.03		0.88
12	……							
13								
14	施工用电价格							
15	序号	基本电价	高压线损耗率	配电设备及线路损耗率	供电设施维修摊销费			
16					年用电量	年维修费	摊销费	供电价格
17		元/kW·h	%	%	万kW·h	万元	元/kW·h	元
18	1	0.42	5	7	650	13	0.02	0.495
19	……							

人工价 / 材料价 / 风水电价 / 机械价 / 砂石价 / 自采砂石

(1)计算施工用风价格(水泵供水冷却)。击活 H5 单元格，输入“=(B5+C5)/D5/60/E5/(1-F5/100)+G5”，确认，H5 单元格即显示出供风价格。

(2)计算施工用水价格。击活 H11 单元格，输入“=B11/C11/

D11/(1－E11/100)＋F11”,确认,H11 单元格即显示出施工用水价格。

(3)计算施工用电价格(电网供电)。击活 G18 单元格,输入“＝F18/E18”,确认。击活 H18 单元格,输入“＝B18/(1－C18/100)/(1－D18/100)＋G18”,确认,在 H18 单元格,即显示出施工用电价格。

四、施工机械使用费(台时费)

在编制工程概、预算时,应根据工程所包含的分项工程,查概算定额或预算定额,确定出所用施工机械规格名称,列入 Excel 工作表,一次统一计算,以求快捷。

水利工程施工机械台时费计算,应按水利部 2002 年 7 月 1 日颁布实施的《水利工程施工机械台时费定额》(以下简称《台时费定额》)进行。

机械台时费由(一)类费用和(二)类费用构成。

(一)类费用包括折旧费、修理及替换设备费、安装拆卸费。在定额中给出费用数。

(二)类费用包括机上人员及机械的动力消耗,即:

(二)类费用＝∑人工工时数×人工工时预算单价(用中级工单价)＋∑电力或油料用量×电力或油料预算价格

用 Excel 计算施工机械使用费(台时费)分两步进行:第一步计算(二)类费用;第二步将(一)、(二)类费用汇总,计算出台时费。

计算表中各项费用横向排列,便于用下拉法,以求快捷。事先将所有用到的施工机械均列入 Excel 表中,待人工工时单价和燃油、供电价格确定后,可迅速计算出(二)类费用和做成施工机械台时费汇总表。

【例 3-5】 用 Excel 计算表 3-7 所示机械的(二)类费用和台时费。

表 3-7　施工机械台时费(二)类费用计算表

P5　=E5+G5+I5+K5+M5+O5

	A	B	C	D	E	F	G	H	I	J	K	L	M	N	O	P
1	施工机械台时费（二）类费用计算表															
2	序号	定额编号	机械名称及规格	人工		柴油		汽油		电		风		水		合计
3				定额	费用	定额	费用	定额	费用	定额	费用	定额	费用	定额	费用	
4				工时	元	kg	元	kW	元	度	元	m^3	元	m^3	元	元
5	1	1009	单斗挖掘机1m^3	2.7	15.17	14.90	51.55									66.72
6	2	1011	单斗挖掘机2m^3	2.7	15.17	20.20	69.89									85.06
7	3	1042	推土机59kW	2.4	13.49	8.40	29.06									42.55
8	4	1043	推土机74kW	2.4	13.49	10.60	36.68									50.17
9	5	1061	拖拉机59kW	2.4	13.49	7.90	27.33									40.82
10	6	1062	拖拉机74kW	2.4	13.49	9.90	34.25									47.74
11	7	1081	拖式振动碾13~14t			9.50	32.87									32.87
12	8	1088	羊脚碾8~12t													
13	9	1094	刨毛机	2.4	13.49	7.40	25.60									39.09
14	10	1095	蛙式打夯机2.8kW	2.0	11.24					2.50	1.24					12.48
15	11	1096	手持式风钻									180.10	50.43	0.30	0.26	50.69
16	12	3013	自卸汽车8t	1.3	7.31	10.20	35.29									42.60
17	13	3074	胶轮车													
18	14	6021	灰浆搅拌机	1.3	7.31					6.30	3.12					10.43
19	15	8016	空压机20m^3/min	2.4	13.49	38.90	134.59									148.08
20	16	9021	单级离心水泵10kW	1.3	7.31					9.10	4.50					11.81
21	17	9034	多级离心水泵100kW	1.3	7.31					100.10	49.55					56.86
22	18	4024	门式起重机10t	3.9	21.92					90.80	44.95					66.87
23	19	9126	电焊机20~30kVA							14.50	7.18					7.18

人工价 / 材料价 / 风水电价 / 机械价 / 砂石价 / 自采砂石价 / 混凝土材料价 / 建筑单

解:计算过程如下。

1.计算(二)类费用

计算步骤(以六类地区枢纽工程为例):

(1)计算人工费。击活 E5 单元格,输入“=D5＊人工价!$E$18”,确认(按 Enter 键),即显示出单斗挖掘机 1m^3 的人工费用。

用下拉法求出以下各机械的人工费。

(2)计算柴油费。击活 G5 单元格,输入“=F5＊材料价!$K$16/1000”,确认,即显示出单斗挖掘机 1m^3 的柴油费。

用下拉法求出其他机械的柴油费。

同法,可求出各机械的其他燃料动力费用。

对非六类地区的工程只须改变人工、燃油等预算价格即可。

(3)计算(二)类费用合计。击活 P5 单元格,输入“=E5+G5+

I5 + K5 + M5 + O5”，确认，下拉。

2. 施工机械台时费汇总

将计算的各类机械的台时费汇总在《编制规定》的施工机械台时费汇总表中，见表 3-8。表 3-8 中的数据作为计算建筑、安装工程单价的基础数据。

表 3-8　施工机械台时费汇总

C34　=　=SUM(D34:I34)

	A	B	C	D	E F	G	H	I
31	施工机械台时费汇总表							
32	编号	名称及规格	台时费	其中				
33				折旧费	修理及替换设备费	安拆费	人工费	动力燃料费
34	1	单斗挖掘机1m³	129.99	35.63	25.46	2.18	15.17	51.55
35	2	单斗挖掘机2m³	232.36	89.06	54.68	3.56	15.17	69.89
36	3	推土机59kW	66.86	10.80	13.02	0.49	13.49	29.06
37	4	推土机74kW	92.84	19.00	22.81	0.86	13.49	36.68
38	5	拖拉机59kW	53.73	5.70	6.84	0.37	13.49	27.33
39	6	拖拉机74kW	69.31	9.65	11.38	0.54	13.49	34.25
40	7	拖式振动碾13~14t	57.20	17.23	7.10			32.87
41	8	羊脚碾8~12t	2.92	1.58	1.34			2.92
42	9	刨毛机	58.71	8.36	10.87	0.39	13.49	25.60
43	10	蛙式打夯机2.8kW	13.66	0.17	1.01		11.24	1.24
44	11	手持式风钻	53.12	0.54	1.89			50.69
45	12	自卸汽车8t	78.74	22.59	13.55		7.31	35.29
46	13	胶轮车	0.90	0.26	0.64			
47	14	灰浆搅拌机	13.74	0.83	2.28	0.20	7.31	3.12
48	15	空压机20m³/min	197.82	19.08	25.65	5.01	13.49	134.59
49	16	单级离心水泵10kW	13.40	0.19	1.08	0.32	7.31	4.50
50	17	多级离心水泵100kW	76.00	4.58	10.54	4.02	7.31	49.95
51	18	门式起重机10t	161.24	67.93	26.44		21.92	44.95
52	19	电焊机20~30 kVA	7.90	0.33	0.30	0.09		7.18

人工价 / 材料价 / 风水电价 / 机械价 / 砂石价 / 自采砂石

汇总方法：由《台时费定额》输入折旧费、修理及替换设备费和安拆费，由表 3-7（机械价表）调入人工费和动力燃料费，然后，计算各机械的台时费：击活 C34 单元格，输入“= SUM(D34 : I34)”，确认，即显示出单斗挖掘机 1m³ 的台时费。

用下拉法可求得以下各机械的台时费。

五、砂、石料单价

水利工程砂、石料的来源有两个途径：外购或自制，其预算价格超过 70 元/m^3 时，按 70 元/m^3 作建筑工程单价，但计算税金仍按原价。超过部分的材料费列入相应部分之后。

（一）外购砂、石料单价

外购砂、石料单价由运杂费、损耗费和采购保管费构成。即

外购砂、石料单价＝(原价＋运杂费)×(1＋损耗率)×(1＋采购保管费率)

式中　原价——产地销售价；

损耗率——包括运输损耗率和堆存损耗率两部分，每转运1次的运输损耗率砂为1.5%、石子为1%，堆存损耗率＝砂(石)料堆容积×4%(石子用2%)÷通过砂(石)料堆的总堆存量；

采购及保管费率——一般采用3%。

用 Excel 计算，可用表3-9的格式进行。

计算步骤：首先将采购合同中规定的原价和计算的运杂费(参阅表3-4)输入D列和E列，根据转运次数与料堆容积和总堆存量确定出损耗率。

【例3-6】 外购砂、石均转运1次，砂、石料堆容积/砂石总堆存量均为1/20。已知原价及运杂费(见表3-9)，计算砂、石料单价。

解：砂的损耗率＝1.5%＋4%×1/20＝1.7%

石子的损耗率＝1%＋2%×1/20＝1.1%

将确定的损耗率输入到F列各单元格，然后计算。

(1)计算损耗费。击活G4单元格，输入“＝(D4＋E4)*F4”，确认，再用下拉法求出以下各行的损耗费。

(2)计算采购及保管费。击活H4单元格，输入“＝(D4＋E4＋

G4) * 3%”,确认,再用下拉法求出其他各行的采购及保管费。

表 3-9 外购砂、石料单价计算表

I4 = =D4+E4+G4+H4

	A	B	C	D	E	F	G	H	I
1	外购砂、石料单价计算表								
2	编号	名称及规格	单位	价格(元)					
3				原价	运杂费	损耗率	损耗费	采购及保管费	砂石料单价
4	1	粗砂	m^3	32.53	8.10	1.70%	0.69	1.24	42.56
5	2	5~20mm碎石	m^3	40.70	9.80	1.10%	0.56	1.53	52.59
6	3	20~40mm碎石	m^3	34.50	9.80	1.10%	0.49	1.34	46.13

人工价 / 材料价 / 风水电价 / 机械价 / 砂石价 / 自采砂石1

(3)计算砂、石料单价。击活 I4 单元格,输入“=D4+E4+G4+H4”,确认,再用下拉法求出以下各行的砂、石料单价。

(二)自采(制)砂石料

根据施工组织设计确定的砂石备料方案和工艺流程,计算各加工工序单价,然后累计计算骨料成品单价。

骨料成品加工工艺包括开采、加工(筛洗、破碎)和运输运至搅拌楼前调节料仓或与搅拌楼上料胶带输送机相接。

计算砂石料单价时,料场覆盖层和无效层处理费用(按一般土石工程定额计算)按设计工程量摊入骨料成品单价;弃料(级配弃料、超径弃料)处理费用应按处理量与骨料总量的比例摊入骨料成品单价;余料(级配余料)与弃料需转运到指定地点时,其运输费用应按比例摊入骨料成品单价。余弃料单价为选定处理工序处的砂石料单价。

用 Excel 计算,可用表 3-10。现举例说明。

【例 3-7】 混凝土方量 6000m^3,每立方米混凝土用砾石 0.85m^3,石子为三级配,其中 5~20mm 占 30%、20~40mm 占 25%、40~80mm 占 45%,料场含量 5~20mm 为 28%、20~40mm 为 26%、40~80mm为 42%,级配弃料(包括超径)为 4%。覆盖层开挖土方

420m³。

表 3-10　自采砂、石料单价计算表

D4　=　=B4*C4

	A	B	C	D	E	F	G	H	I
1	自采砂石料单价计算								
2	一	需砾石总量							
3		混凝土量(m^3)	每m^3混凝土需砾石量(m^3)	需砾石总量(m^3)					
4		6000	0.85	5100					
5	二	各级砾石需量							
6		砾石规格	用量百分比						
7		5~20mm	30%	1530					
8		20~40mm	25%	1275					
9		40~80mm	45%	2295					
10	三	开采量							
11		砾石规格	料场含量百分率	各级砾石需开采量(m^3)					
12		5~20mm	28%	5464.29					
13		20~40mm	26%	4903.85					
14		40~80mm	42%	5464.29	5464.29				
15	四	摊销率							
16		项目	单位	数量	骨料用量	摊销率			
17		覆盖层开挖	m^3	420	5100	8.24%			
18		级配弃料	m^3	218.57	5100	4.29%			
19	五	级配余料							
20		石子规格	产量(m^3)	需用量(m^3)	余料量(m^3)				
21		5~20mm	1530	1530	0				
22		20~40mm	1420.71	1275	145.71				
23		40~80mm	2295	2295	0				
24	六	工序单价							
25		工序	覆盖层开挖	开采	筛分	5~20mm 冲洗	20~40mm 冲洗	40~80mm 冲洗	运输
26		单价(元/m^3)	3.80	13.34	7.22	6.75	7.91	9.55	14.17
27	七	骨料单价							
28		骨料规格	元/m^3						
29		5~20mm	42.68						
30		20~40mm	43.84						
31		40~80mm	45.48						

材料价 / 风水电价 / 机械价 / 砂石价 / 自采砂石价 / 混凝土材料价 / 建[illegible]

解:计算步骤如下。

(1)计算砾石需量。击活 D4 单元格,输入"=B4 * C4",确认。

(2)计算各级砾石需量。将已知数值输入 7～9 行的 B、C 列。击活 D7 单元格,输入"= $D$4 * C7",求出 5～20mm 砾石的用量。用下拉法求出 20～40mm、40～80mm 石子的用量。

(3)计算开采量。将已知数值输入 12～14 行的 B、C 列。击活 D12 单元格,输入"=D7/C12",确认,求出 5～20mm 砾石需开采量。用下拉法求出 20～40mm、40～80mm 砾石需开采量。将最大值输入 E14 单元格，击活 E14 单元格，输入“= MAX(D12:D14)”，确认。

(4)计算摊销率。将已知数值输入 D17、E17、E18。

计算级配弃料量：击活 D18 单元格，输入“= E14 * 4%”(4% 是弃料率)，确认。

击活 F17 单元格，输入“= D17/E17 * 100%”，确认，并下拉到 E18。

(5)计算级配余料量。

计算各级砾石的产量：击活 C21 单元格，输入“= $E$14 * C12”，确认，下拉。

计算各级砾石余料量：击活 E21 单元格，输入“= C21 - D21”，确认，下拉。

(6)在 26 行输入用概算定额做出的各工序的单价。

(7)计算各级砾石的单价。

5～20mm 砾石：击活 C29 单元格，输入“= (D26 + E26) * (1 + F18) + F26 + I26 + C26 * F17”，确认。

20～40mm 砾石：击活 C30 单元格，输入“= (D26 + E26) * (1 + F18) + G26 + I26 + C26 * F17”，确认。

40～80mm 砾石：击活 C31 单元格，输入“= (D26 + E26) * (1 + F18) + H26 + I26 + C26 * F17”，确认。

六、混凝土材料单价

混凝土材料单价按混凝土配合比的各项材料用量及材料预算价格计算。混凝土配合比应根据工程试验提供。无试验资料时，也可参用《水利建筑工程概算定额》附录混凝土材料配合表。计算公式如下：

混凝土材料单价 = Σ材料用量 × 材料预算价格

用 Excel 计算混凝土材料单价，应将所有用到的混凝土及各种材料用量输入《编制规定》的混凝土材料单价表，为了能用下拉法，应将水泥强度标号相同的混凝土连接排列（单价相同），见表 3-11。

表 3-11　混凝土材料单价表

K4　=材料价!$K$14/1000*E4+材料价!$K$27*F4+材料价!$K$18*G4+材料价!$K$19*H4+材料价!$K$20*I4+风水电价!$H$11*J4/1000

	A	B	C	D	E	F	G	H	I	J	K
1	混凝土材料单价表										
2–3	编号	混凝土标号	水泥	级配	水泥(kg)	掺和料(kg)	粗砂(m^3)	卵石(m^3)	外加剂(kg)	水(kg)	单价(元)
4	1	C10	325	1	213		0.59	0.72	0.43	170	126.53
5	2	C15	325	1	250		0.58	0.71	0.50	170	137.93
6	3	C20	325	1	290		0.54	0.73	0.58	170	150.32
7	4	C25	425	1	290		0.54	0.73	0.58	170	163.82
8	5	C30	425	1	320		0.51	0.74	0.64	170	174.31
9	6	C35	425	1	348		0.49	0.74	0.71	170	184.05
10	7	C40	425	1	392		0.47	0.74	0.78	170	199.79
11	8	……									

机械价 / 砂石价 / 自采砂石价 / 混凝土材料价 / 建筑单价

计算方法如下：

击活 K4 单元格，输入"＝材料价！$K$14/1000 * E4＋材料价！$K$27 * F4＋材料价！$K$18 * G4＋材料价！$K$19 * H4＋材料价！$K$20 * I4＋风水电价！$H$11 * J4/1000"，确认。下拉到 K6。击活 K7 单元格，输入"＝材料价！$K$15/1000 * E7＋材料价！$K$27 * F7＋材料价！$K$18 * G7＋材料价！$K$19 * H7＋材料价！$K$20 * I7＋风水电价！$H$11 * J7/1000"，确认。下拉到 K11。

第二节　建筑工程与安装工程单价

计算建筑工程、安装工程单价，即计算三级项目（即分项工程）单价。

一、建筑工程单价

(一)建筑工程单价组成

建筑工程单价由直接工程费(包括直接费、其他直接费与现场经费)、间接费、企业利润、税金组成。

建筑工程单价＝直接工程费＋间接费＋企业利润＋税金

1.直接工程费

(1)直接费。包括直接从事工程施工的人工、机械和进入工程的材料费用。

人工费＝定额劳动量(工时)×人工预算单价(元/工时)

材料费＝定额材料用量×材料预算价格

机械使用费＝定额机械使用量(台时)×施工机械台时费(元/台时)

(2)其他直接费。

其他直接费＝直接费×其他直接费费率之和

(3)现场经费。

现场经费＝直接费×现场经费费率之和。

2.间接费

间接费＝直接工程费×间接费费率

3.企业利润

企业利润＝(直接工程费＋间接费)×企业利润率

4.税金

税金＝(直接工程费＋间接费＋企业利润)×税率

其他直接费包括冬雨季施工增加费、夜间施工增加费、特殊地区(高海拔、原始森林)施工增加费与其他等。其费率见《编制规定》66页。

现场经费包括临时设施费和现场管理费,枢纽工程的现场经费费率见《编制规定》第六章中表4,引水工程及河道工程的现场经费费率见《编制规定》第六章中表5。

间接费是施工企业为建筑安装工程施工而进行组织与经营管理所需的各项费用。包括:企业管理费、财务经费和其他费用,枢纽工程的间接费费率见《编制规定》第六章中表6,引水工程及河道工程间接费费率见《编制规定》第六章中表7。

《编制规定》的企业利润率和税率见《编制规定》70页。

(二)水利建筑工程概算定额的有关规定

做概算,计算直接费,须用概算定额查用概算定额表,其工作内容必须与分项工程相符,并注意下列有关规定:

(1)一种材料之后,同时并列几种不同型号规格的,只选其中一种;材料分几种型号规格与材料名称同时并列的,应同时计价。

(2)一种机械名称之后,同时并列几种不同型号规格的只选其中一种;一种机械分几种型号规格并列的,应同时计价。

(3)其他材料费以主要材料之和为计算基数;其他机械费以主要机械费之和为计算基数;零星材料费以人工费、机械费之和为计算基数。

(4)定额表头用数字表示的范围,只用一个数字表示的仅适用该数字本身;当需要选用的定额介于两个子目之间的,用插入法计算。

(5)数字用上、下限表示的,如2000~2500,适用大于2000、小于或等于2500的范围。

(6)汽车运输定额,适用于水利工程施工路况10km以内的场内运输。运距超过10km时,超过部分按增运1km台时乘以0.75系数计算。

(7)使用定额尚应注意定额的总说明、各章说明中的有关规定和各定额表的表下注,以便正确使用定额。

(三)建筑工程单价计算

用Excel计算建筑工程单价的方法举例说明如下。

【例3-8】 求六类地区某坝坝体填土的单价。该工程设计干密度为 16.68kN/m^3,选用 8～12t 羊脚碾碾压。

解:查《概算定额》30078 子目。将定额编号、定额单位输入计算表(表 3-12)的相应位置。在 A～D 列输入工、机、料的名称及规格、定额用量。由《编制规定》查得土方工程的其他直接费费率为 3.5%,现场经费费率、间接费费率均为 9%,企业利润率为 7%,工程在市、县、镇以外,税率为 3.22%,输入到 D17～D21 单元格。在 E 列调入人工价和机械价汇总工作表中的人工工时单价和机械台时费,然后进行计算。

计算步骤如下。

(1)计算初级工的人工费及施工机械使用费。击活 F8 单元格,输入"=D8 * E8",确认,在 F8 单元格即显示出初级工的人工费用。下拉到 F15 单元格,可求出各机械费(以下简称确认)。

(2)计算人工费。击活 F7 单元格,输入"=F8",确认。

(3)计算其他机械费。其他机械费以机械费之和为计算基数。击活 F16 单元格,输入"=SUM(F11:F15) * D16/100",确认。

(4)计算施工机械使用费。击活 F10 单元格,输入"=SUM(F11:F16)",确认。

(5)计算零星材料费。零星材料费以人工费和机械费之和为计算基数。击活 F9 单元格,输入"=(F7+F10) * D9/100",确认。

(6)计算直接费。击活 F6 单元格,输入"=F7+F9+F10",确认。

(7)计算其他直接费与现场经费。击活 F17 单元格,输入"=$F$6 * D17/100",确认。在 F17 单元格即显示出其他直接费。用下拉法求出现场经费。

(8)计算直接工程费。击活 F5 单元格,输入"=F6+F17+F18",确认。

(9)计算间接费。击活 F19 单元格,输入"=F5 * D19/100",确认。

表 3-12　建筑工程单价表

F8　=D8*E8

	A	B	C	D	E	F
1	建筑工程单价表					
2	定额编号：30078 坝体填土工程 定额单位：100m³实方					
3	施工方法：用羊脚碾压实。					
4	编号	名称及规格	单位	数量	单价(元)	合计(元)
5	一	直接工程费	元			385.08
6	1	直接费	元			342.29
7	①	人工费	元			89.38
8		初级工	工时	29.40	3.04	89.38
9	②	零星材料费	%	10		31.12
10	③	机械使用费	元			221.79
11		羊脚碾12t	台时	1.68	2.92	4.91
12		拖拉机74kW	台时	1.68	69.31	116.44
13		推土机74kW	台时	0.55	92.84	51.06
14		蛙式打夯机2.8kW	台时	1.09	13.66	14.89
15		刨毛机	台时	0.55	58.71	32.29
16		其他机械费	%	1		2.20
17	2	基他直接费	%	3.5		11.98
18	3	现场经费	%	9		30.81
19	二	间接费	%	9		34.66
20	三	企业利润	%	7		29.38
21	四	税金	%	3.22		14.46
22	五	土料运输	m³	126	11.9457	1505.16
23		合计				1968.74

混凝土材料价 / 建筑单价 / 建筑单价汇总 / 字

注：表中土料运输单价计算见表 3-13。

(10)计算企业利润。击活 F20 单元格，输入"=(F5+F19)*D20/100"，确认。

(11)计算税金。击活 F21 单元格，输入"=(F5+F19+F20)*D21/100"，确认。

(12)计算土料运输费。击活 F22 单元格,输入“= D22 * E22”,确认。

(13)计算单价(合计)。击活 F23 单元格,输入“= F5 + SUM(F19:F22)”,确认。

【练习题 3-4】 写出表 3-13 的计算程序(各步计算式),并演算。

表 3-13 建筑工程单价表

F38 = =D38*E38

	A	B	C	D	E	F
31	建筑工程单价表					
32	定额编号:10641 土料挖运				定额单位:100m^3	
33	施工方法:2m^{3}挖掘机挖Ⅲ级土,8t自卸汽车运输2km					
34	编号	名称及规格	单位	数量	单价(元)	合计(元)
35	一	直接工程费	元			992.28
36	1	直接费	元			882.03
37	①	人工费	元			13.68
38		初级工	工时	4.5	3.04	13.68
39	②	零星材料费	%	4		33.92
40	③	机械使用费	元			834.43
41		挖掘机液压2m^3	台时	0.67	232.36	155.68
42		推土机59kW	台时	0.33	66.86	22.06
43		自卸汽车8t	台时	8.34	78.74	656.69
44	2	其他直接费	%	3.5		30.87
45	3	现场经费	%	9		79.38
46	二	间接费	%	9		89.31
47	三	企业利润	%	7		75.71
48	四	税金	%	3.22		37.27
49	合计		元			1194.57

混凝土材料价 / 建筑单价 / 建筑单价汇总 / 支

(四)建筑工程单价汇总

《编制规定》要求将建筑工程单价汇入建筑工程单价汇总表

(见表 3-14),以备作分项工程概算时调用。汇总的方法由建筑工程单价表调入。

表 3-14　建筑工程单价汇总表　　　单位:元

D4　=SUM(E4:L4)

序号	工程名称	单位	单价	其中							
				人工费	材料费	机械使用费	其他直接费	现场经费	间接费	企业利润	税金
1	削坡土方	$100m^3$	1194.57	13.68	33.92	834.43	30.87	79.38	89.31	75.71	37.27
2	削坡石方	$100m^3$	4107.87	653.76	291.75	2087.61	106.16	272.98	307.11	260.36	128.14
3	坝基清除砂砾石	$100m^3$	1301.94	14.90	36.97	909.44	33.65	86.52	97.33	82.52	40.61
4	坝基石方开挖	$100m^3$	6510.15	1270	763.12	2767.12	168.01	432.02	486.03	412.04	202.80
5	坝基排水体	$100m^3$	1853.90	84.08	40.01	1244.77	47.91	123.20	138.60	117.50	57.83
6	坝体填土	$100m^3$	1968.74	106.62	73.86	1273.17	50.88	130.83	147.19	124.77	61.42
7	反滤料填筑	$100m^3$	1786.38	77.47	60.41	1181.13	46.17	118.71	133.55	113.22	55.72
8	干砌石护坡	$100m^3$	12591.37	65.66	8025.46	1205.95	325.40	836.74	941.33	798.04	392.79
9	防浪墙浆砌石	$100m^3$	48564.56	5204.02	30453.77	200.76	1255.05	3227.27	3630.68	3078.01	1515.00
10	坝顶干砌石	$100m^3$	13614.68	1954.65	8025.46	72.55	351.84	904.74	1017.83	862.89	424.72
	……										

人工价 / 材料价 / 风水电价 / 机械价 / 砂石价 / 自采砂石价 / 混凝土材料价 / 建筑

注:表中坝体填土、堆石排水体、反滤料填筑等的人工费～税金,由填筑和运输两部分构成。例如,坝体填土的人工费＝表 3-12 中的人工费＋1.26×表 3-13 中的人工费,余类推。

【练习题 3-5】　由表 3-12 与表 3-13 计算表 3-14 中第 9 行各单元格的数值。

二、安装工程单价

(一)安装工程单价组成

安装工程概算定额有两种形式:①实物量形式;②费率形式。其单价的编制方法依这两种形式而定。

1. 实物量形式的安装工程单价

与建筑工程单价不同之点是增加未计价装置性材料费。

单价＝直接工程费＋间接费＋企业利润＋未计价装置性材料费＋税金

1)直接工程费

(1)直接费。直接费包括人工费、材料费和机械使用费等。

人工费＝定额劳动量(工时)×人工预算单价(元/工时)

材料费＝定额材料用量×材料预算价格

机械使用费＝定额机械使用量(台时)×机械台时费(元/台时)

(2)其他直接费。

其他直接费＝直接费×其他直接费费率之和

(3)现场经费。

现场经费＝人工费×现场经费费率之和

2)间接费

间接费＝人工费×间接费费率

3)企业利润

企业利润＝(直接工程费＋间接费)×企业利润率

4)未计价装置性材料费

未计价装置性材料费＝未计价装置性材料用量×材料预算价格

5)税金

税金＝(直接工程费＋间接费＋企业利润＋未计价装置性材料费)×税率

2.费率形式的安装工程单价

费率形式的安装工程单价是用设备原价和定额规定的费率计算直接费。具体计算方法如下:

单价＝直接工程费＋间接费＋企业利润＋税金

1)直接工程费

(1)直接费。直接费包括人工费、材料费、装置性材料费和机械使用费。

人工费＝定额人工费(%)×设备原价

材料费＝定额材料费(%)×设备原价

装置性材料费＝定额装置性材料费(%)×设备原价

机械使用费＝定额机械使用费(％)×设备原价

(2)其他直接费＝直接费×其他直接费费率之和

(3)现场经费＝人工费×现场经费费率之和

2)间接费

间接费＝人工费×间接费费率

3)企业利润

企业利润＝(直接工程费＋间接费)×企业利润率

4)税金

税金＝(直接工程费＋间接费＋企业利润)×税率

安装工程的各种费率见《编制规定》66～70 页。

(二)水利水电设备安装工程概算定额的有关规定

计算安装工程单价,须套用《水利水电设备安装工程概算定额》。套用定额须注意定额的工作内容与安装工程相符,并注意定额的有关规定。

(1)定额中数字的适用范围:①只用一个数字表示的,仅适用于该数字本身;②数字后面用“以上”、“以外”表示的,均不包括数字本身;③数字用上下限(如 2000～2500)表示的,相当于自 2000 以上至 2500 以下止。

(2)按设备重量划分子目的定额,当所求设备的重量介于同类设备的子目之间时,可按内插法计算安装费。

(3)进口设备的安装费率,用同类国产设备的安装费率除以进口设备原价对国产设备原价的倍数。

此外,还须仔细阅读定额的总说明、各章说明及定额表下注。

(三)安装工程单价计算

现按实物量形式和费率形式分别举例如下。

1. 实物量形式安装工程单价计算

【例 3-9】 见表 3-15,计算六类地区某工程平面焊接闸门的安装单价。

表 3-15　安装工程单价表

F56　=$F$37*D56/100

	A	B	C	D	E	F
31	安装工程单价表					
32	定额编号：10003		平面焊接闸门安装			定额单位：t
33	每扇闸门自重40 t					
34	编号	项目	单位	数量	单价(元)	合计(元)
35	一	直接工程费	元			1031.76
36	1	直接费	元			803.01
37	①	人工费	元			433.37
38		工长	工时	4	7.10	28.40
39		高级工	工时	21	6.61	138.81
40		中级工	工时	36	5.62	202.32
41		初级工	工时	21	3.04	63.84
42	②	材料费	元			122.04
43		钢板	kg	3.2	4.49	14.37
44		电焊条	kg	4.2	6.74	28.31
45		氧气	m^3	1.9	11.23	21.34
46		乙炔气	m^3	0.9	8.98	8.08
47		汽油70#	kg	2.1	3.57	7.50
48		油漆	kg	2.1	11.23	23.58
49		棉纱头	kg	0.9	2.25	2.03
50		其他材料费	%	16		16.83
51	③	机械使用费				247.60
52		门式起重机10t	台时	1.2	161.24	193.49
53		电焊机20~30 kVA	台时	4.0	7.90	31.60
54		其他机械费	%	10		22.51
55	2	其他直接费	%	4.2		33.73
56	3	现场经费	%	45		195.02
57	二	间接费	%	50		216.69
58	三	企业利润	%	7		87.39
59	四	税金	%	3.22		43.01
60	合计					1378.85

人工价 / 材料价 / 风水电价 / 机械价 / 砂石

解:查《水利水电设备安装工程概算定额》10003 子目,将定额名称、定额编号、定额单位输入表 3-15 相应区域。

将工、料、机的定额用量输入 D 列相应单元价格。由《编制规定》查得其他直接费费率为 4.2%,现场经费费率和间接费费率均以人工费为计算基数,费率分别为 45% 和 50%,企业利润率为 7%,税率为 3.22%,输入到 D55～D59 单元格。由人工价表、材料价表、机械价汇总表将各单价调入 E 列相应单元格。

然后计算步骤如下。

(1)计算工、料、机费用与其他直接费。与建筑工程计算方法相同。

(2)计算现场经费、间接费。击活 F56 单元格,输入"= $F$37 * D56/100",确认,下拉列 F57。

(3)计算企业利润。击活 F58 单元格,输入"=(F35 + F57) * D58/100",确认。

(4)计算税金。击活 F59 单元格,输入"=(F35 + F57 + F58) * D59/100",确认。

(5)计算单价(合计)。击活 F60 单元格,输入"= F35 + SUM(F57:F59)",确认。

2. 费率形式的安装工程单价计算

【例 3-10】 见表 3-16,计算其安装工程单价。

解:对非北京地区,人工费(%)须按工程地区人工预算单价/北京地区人工预算单价的比例系数进行调整,即定额中的人工费(%)须乘以该比例系数。

计算步骤如下。

(1)计算直接费。击活 F67 单元格,输入"=D67 * E67/100",确认,计算出人工费。

用下拉法求出材料费、装置性材料费和机械使用费。

击活 F66 单元格,输入"= SUM(F67:F70)",确认,在 F66 单

元格即显示出直接费。

(2)计算其他直接费。击活 F71 单元格,输入“=F66 * D71/100”,确认。

表 3-16 安装工程单价表

F67 = =D67*E67/100

	A	B	C	D	E	F
61	安装工程单价表					
62	定额编号:06004	控制保护系统			定额单位:项	
63	型号规格:控制保护系统					
64	编号	名称	单位	数量	单价(元)	合计(元)
65	一	工程直接费				29275.12
66	1	直接费				23485.00
67	(1)	人工费	%	3.5	305000	10675.00
68	(2)	材料费	%	1.0	305000	3050.00
69	(3)	装置性材料费	%	2.2	305000	6710.00
70	(4)	机械使用费	%	1.0	305000	3050.00
71	2	其他直接费	%	4.2		986.37
72	3	现场经费	%	45		4803.75
73	二	间接费	%	50		5337.50
74	三	企业利润	%	7.0		2422.88
75	四	税金	%	3.22		1192.54
76		合计	元			38228.04

建筑单价汇总 | 安装单价 | 安装单价汇总

(3)计算现场经费与间接费。击活 F72 单元格,输入“= $F$67 * D72/100”,确认,并下拉到 F73 单元格。

(4)计算直接工程费。击活 F65 单元格,输入“=F66+F71+F72”,确认。

(5)计算企业利润。击活 F74 单元格,输入“=(F65+F73) * D74/100”,确认。

(6)计算税金。击活 F75 单元格,输入“=(F65+F73+F74) * D75/100”,确认。

(7)计算单价(合计)。击活 F76 单元格,输入“=F65+SUM(F73:F75)”,确认。

(四)安装工程单价汇总

安装工程单价也要汇入安装工程单价汇总表,《编制规定》的表式见表 3-17。汇总的方法用调入法。

表 3-17 安装工程单价汇总表 单位:元

D4 = =SUM(E4:M4)

	A	B	C	D	E	F	G	H	I	J	K	L	M
1	安装工程单价汇总表												
2	序号	名称	单位	单价	其中								
3					人工费	材料费	机械使用费	装置性材料费	其他直接费	现场经费	间接费	企业利润	税金
4	1	油压启闭机	台	44422.13	15436.80	3912.22	5176.83		1030.09	6946.56	7718.40	2815.46	1385.77
5	2	平面闸门	t	1378.85	433.37	122.04	247.60		33.73	195.02	216.69	87.39	43.01
6	3	闸门埋件	t	3512.48	832.17	487.26	973.98		96.32	374.48	416.09	222.61	109.57
7	4	拦污栅体	t	633.30	175.70	28.97	185.43		16.38	79.07	87.85	40.14	19.76
8	5	拦污栅槽	t	2565.13	710.97	458.05	411.69		66.39	319.94	355.49	162.58	80.02
9	6	控制保护系统	项	38228.04	10675.00	3050.00	3050.00	6710.00	986.37	4803.75	5337.50	2422.88	1192.54
10	7	……											

建筑单价汇总 / 安装单价 / 安装单价汇总 / 建筑概算 / 设备费 / 安装概算 / 办公其

第三节 分部工程概算

分部工程概算包括建筑工程、机电设备及安装工程、金属结构设备及安装工程、施工临时工程和独立费用五部分。

一、建筑工程概算

建筑工程概算按主体建筑工程、交通工程、房屋建筑工程、外部供电线路工程和其他建筑工程,采用不同方法编制。

(一)主体建筑工程

1. 主体建筑工程

主体建筑工程概算 = ∑设计工程量 × 工程单价

编制概算的步骤为：

(1)项目划分。根据设计图纸、说明书和概算定额进行工程项目划分，到三级项目。划分项目应与概算定额的子目一致，以便套用定额。

(2)计算工程量。应计算出各三级项目的工程量。工程量计算的依据是设计图纸和设计说明书。计量单位和计量范围应与概算定额一致。

《水利建筑工程概算定额》的计量是按工程设计几何轮廓尺寸计算。即由完成每一有效单位实体所消耗的人工、材料、机械数量定额组成。其不构成实体的各种施工损耗、允许的超挖及超填量、合理的施工附加量、体积变化等的合理消耗量已计入定额，计算工程量时，不再增计。

(3)列表计算。输入工程量与单价，然后计算。

2.细部结构工程

细部结构是指多孔混凝土排水管、廊道木模板制作与安装、止水工程、伸缩缝工程、接缝灌浆管路、冷却水管路、栏杆、路面工程、照明工程、爬梯、通气管道、坝基渗水处理、排水工程、排水渗井钻孔及反滤料、坝坡踏步、孔洞钢盖板、厂房内上下水工程、防潮层、建筑钢材及其他细部结构工程。其概算计算是参照水工建筑工程细部结构指标乘以主体建筑工程量。

水工建筑工程细部结构指标是建筑工程单位工程量的综合造价指标，《编制规定》第六章中表 8 给出了坝、闸、溢洪道、隧洞、进水口(塔)、厂房等工程的细部结构指标，编制概算时可查用。

建筑工程概算用《编制规定》的建筑工程概算表计算。

【例 3-11】 做六类地区某土坝工程概算。见表 3-18。

解：先将各分项工程(即三级项目)工程量(数量)输入 D 列、由建筑单价汇总表将单价调入 E 列，然后按下列步骤计算：

(1)计算各分项工程费用(合计)。击活 F4 单元格，输入“=

D4 * E4”,确认。

表 3-18　建筑工程概算表

F15 = =SUM(F4:F14)

	A	B	C	D	E	F
1	建筑工程概算表					
2	土坝工程					
3	编号	工程或费用名称	单位	数量	单价(元)	合计(元)
4	1	削坡土方	$100m^3$	110.00	1194.57	131402.70
5	2	削坡石方	$100m^3$	26.00	4107.87	106804.62
6	3	坝基砂砾石清除	$100m^3$	230.00	1301.94	299446.20
7	4	坝基石方开挖	$100m^3$	362.00	6510.15	2356674.30
8	5	排水堆石体	$100m^3$	120.00	1853.90	222468.00
9	6	坝体填土	$100m^3$	18008.69	1968.74	35454428.35
10	7	反滤料及过渡层填筑	$100m^3$	152.30	1786.38	272065.67
11	8	干砌石护坡	$100m^3$	118.58	12591..37	1493084.66
12	9	防浪墙浆砌石	$100m^3$	1.50	48564.56	72846.84
13	10	坝顶干砌石	$100m^3$	5.16	13614.68	70251.75
14	11	细部结构工程	m^3	1840623	0.84	1546123.32
15	12	总计				42025596.41

/安装单价 /安装单价汇总 \建筑概算 /设备费 /

用下拉法求出其他各分项工程费用(合计)。

(2)计算(土坝工程费)总计。击活 F15 单元格,输入“=SUM(F4:F14)”,确认。

(二)交通工程

交通工程投资 = ∑工程量 × 单价

计算用表同主体建筑工程,也可采用扩大指标计算。

(三)房屋建筑工程

永久房屋建筑工程投资分下列几项分别计算:

(1)生产和管理办公用房。用设计单位按有关规定确定的建筑面积和用建筑工程概算定额计算工程单价,做出概算。

(2)生活文化福利用房。按主体建筑工程投资的百分率计算。枢纽工程、引水及河道工程百分率不同,详见《编制规定》72 页。

(3)室外工程。一般按房屋建筑工程投资的百分率计算。详见《编制规定》72 页。

【例 3-12】 计算六类地区枢纽工程房屋建筑工程概算,见表 3-19。

表 3-19 建筑工程概算表

F28 = =SUM(F24:F27)

	A	B	C	D	E	F
21	建筑工程概算表					
22	房屋建筑工程					
23	序号	工程或费用名称	单位	数量	单价(元)	合计(元)
24	1	生产用房	m^2	72	1037	74664.00
25	2	管理办公用房	m^2	240	1037	248880.00
26	3	文化生活福利用房	%	2	86784200	1735684.00
27	4	室外工程	%	12.5	2059228	257403.50
28	5	合计				2316631.50

安装单价 / 安装单价汇总 / 建筑概算 / 设备费

解:将设计的生产用房面积和管理办公用房面积输入 D24 与 D25 单元格,将其单价(计算单价或用当地永久性房屋单价的扩大指标)输入 E24、E25 单元格。

该枢纽工程主体建筑工程(土坝、溢洪道、输水洞)投资为 8678.42 万元,小于 50000 万元,按《编制规定》,文化福利用房占主体建筑工程投资的百分率为 1.5%～2%,取 2%。室外工程占房屋建筑工程投资的百分率为 10%～15%,取平均值 12.5%。分别输入 D26、D27 单元格。

在 E26 单元格输入主体建筑工程投资数。在 E27 单元格输入计算出的 F24 + F25 + F26。计算过程从略。

【**练习题 3-6**】 用 Excel 计算表 3-19。

(四)供电线路工程

供电线路投资 = ∑设计线路架设长度(m) × 预算单价(元/m) +
∑设计的变配电设施数量 × 相应预算单价

预算单价采用工程所在地区造价指标或用有关实际资料计算。

(五)其他建筑工程

(1)内外部观测工程。①有设计的情况,按建筑工程属性、用设计资料计算。②无设计的情况,按主体建筑工程投资的百分率计算。当地材料坝、混凝土坝、引水式电站(引水建筑物)、堤防工程的百分率不同,详见《编制规定》72 页。

(2)动力线路、照明线路、通信线路等工程投资:按设计工程量乘以单价或采用扩大单位指标编制。

(3)其余各项按设计分析计算。

二、机电设备及安装工程

机电设备及安装工程投资包括设备费与安装工程费两部分。

(一)设备费

1.机电设备费

机电设备费由设备原价、运杂费、运输保险费、采购及保管费构成。即

机电设备费 = 设备原价 + 运杂费 + 运输保险费 + 采购及保管费

(1)设备原价。出厂价或设计单位分析论证后的咨询价。

(2)运杂费。运杂费计算式如下:

运杂费 = 设备原价 × 运杂费率

主要设备与其他设备的运杂费率分别参阅《编制规定》第六章中表 9 与表 10。

设备由铁路直达或铁路与公路联运,分别按里程求得费率后

叠加计算;设备由公路直达应按公路里程计算费率后,再加公路直达基本费率。

(3)运输保险费。

运输保险费=设备原价×运输保险费率

运输保险费率按有关规定执行。

(4)采购及保管费。采购及保管费按下式计算:

采购及保管费=(原价+运杂费)×采购及保管费率

采购及保管费率用0.7%。

进口设备国内段运杂综合费率=国产设备运杂综合费率×相应国产设备原价占进口设备原价的比例系数

2.交通工具购置费

工程竣工投产所需的生产、生活、消防车辆和船只的购置费,按下式计算:

交通工具购置费=∑数量×购置费

数量指标根据工程类型及规模查《编制规定》第六章中表11。

购置费=国产车船出厂价+车船附加费+运杂费

【例3-13】 一台蝴蝶阀原价4425元,由公路运输直达工地,运距70km,求蝴蝶阀设备费。

解:查《编制规定》第六章中表9,计算出运杂费率。公路运输基本运距50公里,运杂费率为1.85%,每增运10公里运杂费率为0.18%,公路直达基本费率为1.33%,故

运杂费率=[1.85+0.18×(70-50)/10+1.33]/100

采购及保管费率为0.7%,运输保险费取0.45%,然后按表3-20进行计算。

首先将所有要用的设备名称及规格、原价分别输入B、D两列,然后按下列步骤计算。

(1)计算运杂费。击活E3单元格,输入"=D3*(1.85+0.18*

(70－50)/10＋1.33)/100”,确认。

表 3-20　设备费计算表　　　　单位:元

E3 = =D3*(1.85+0.18*(70-50)/10+1.33)/100

	A	B	C	D	E	F	G
1	设备费计算表						
2	序号	设备名称及规格	设备费	原价	运杂费	采管费	运输保险费
3	1	蝴蝶阀	4633.63	4425.00	156.65	32.07	19.91
4	2						
5	3						

人工价 / 材料价 / 风水电价 / 机械价 / 砂石

同法求得其他设备的运杂费,当运杂费率相同时,可用下拉法做快捷计算。

(2)计算采管费(采购及保管费)。击活 F3 单元格,输入“＝(D3＋E3)＊0.7%”,确认。

用下拉法求出其他设备的采管费。

(3)计算运输保险费。击活 G3 单元格,输入“＝D3＊0.45%”,确认。

用下拉法求出其他设备的运输保险费。

(4)计算设备费。击活 C3 单元格,输入“＝SUM(D3:G3)”,确认。

(二)安装工程费

安装工程费＝∑设备数量×安装单价

交通工具无安装工程费。

(三)设备及安装工程概算

设备及安装工程概算是将设备费与安装费在设备及安装工程概算表中分开计算。机电设备及安装工程概算与金属结构设备及安装工程概算的表格及编制方法相同,请参阅表 3-21。

三、金属结构设备及安装工程

编制方法与机电设备及安装工程相同,示例见表 3-21。

表 3-21　设备及安装工程概算表

G5　　=　=D5*E5

	A	B	C	D	E	F	G	H
1	设备及安装工程概算表							
2	弧形闸门及启闭机							
3	序号	名称及规格	单位	数量	单价(元)		合计(元)	
4					设备费	安装费	设备费	安装费
5	1	工作闸门	扇	2	415000	55154.00	830000	110308.00
6	2	闸门埋件	项	2	5050	35124.80	10100	70249.60
7	3	启闭机	台	2	177100	44422.13	354200	88844.26
8	4	拦污栅体	t	12	7666	663.30	91992	7959.60
9	5	拦污栅槽	t	18	7445	2565.13	134010	46172.34
10	6	合计					1420302	323533.80

安装单价汇总 / 建筑概算 / 设备费 / 安装概算 / 办

注:闸门 40t,闸门埋件 10t。

【例 3-14】 计算表 3-21 的设备及安装工程概算。

解:首先将所用的设备名称及规格、单位、数量输入 B、C、D 列,由设备费表将设备费调入 E 列,由安装单价汇总表将安装费调入 F 列,然后按下列步骤计算。

(1)计算设备费(合计)。击活 G5 单元格,输入"= D5 * E5",确认。

用下拉法求出其他各设备费合计。

(2)计算安装费。击活 H5 单元格,输入"= D5 * F5",确认。

用下拉法求出其他设备的安装费合计。

(3)用 SUM 函数求出设备费总计及安装费总计。

四、施工临时工程

施工临时工程投资按导流工程、施工交通工程、施工场外供电工程、施工房屋建筑工程和其他施工临时工程五部分计算。

(一)导流工程

导流工程投资 = ∑设计工程量×工程单价

(二)施工交通工程

施工交通工程投资 = ∑设计工程量×工程单价

或按工程所在地区造价指标或有关实际资料,采用扩大单位指标编制。

(三)施工场外供电工程

施工场外供电工程投资 = ∑线路架设长度×工程单价 + ∑变配电设施数量×单价

单价采用工程所在地造价指标。

(四)施工房屋建筑工程

施工房屋建筑工程包括施工仓库和办公、生活及文化福利建筑两部分。

1.施工仓库

施工仓库投资 = ∑建筑面积×单位造价

式中,建筑面积由施工组织设计确定,单位造价指标根据当地生活福利建筑的相应造价水平确定。

2.办公、生活及文化福利建筑

(1)枢纽工程和大型引水工程,其投资按下式计算:

$$I = \frac{A \times U \times P}{N \times L} \times K_1 \times K_2 \times K_3$$

A = 工程一至四部分建安工作量(不包括办公、生活及文化福利建筑和其他施工临时工程)之和×(1 + 其他施工临时工程百分率)

式中 I——办公、生活及文化福利建筑工程投资；

A——建安工作量；

U——人均建筑面积综合指标，按 12～15m^2/人标准计算；

P——单位造价指标，参考工程所在地永久房屋造价指标（元/m^2）；

N——施工年限，按施工组织设计确定的合理工期计算；

L——全员劳动生产率（万元/(人·年)）；

K_1——施工高峰人数调整系数；

K_2——室外工程系数；

K_3——单位造价调整系数。

以上指标与系数请查阅《编制规定》77 页。

(2)河湖整治工程、灌溉工程、堤防工程、改扩建与加固工程按一至四部分建安工作量的百分率计算，百分率依合理工期而定。《编制规定》第六章中表 13 给出了百分率，使用时可查用。

(五)其他施工临时工程

其他施工临时工程主要包括砂石料加工系统、混凝土搅拌系统、混凝土制冷系统、施工供水工程(泵房及厂管)、防汛、排水、大型机械安拆及临时支护、隧洞支撑等。

其他施工临时工程投资＝工程一至四部分建安工作量(不包括其他施工临时工程)之和×其他施工临时工程百分率

其他施工临时工程百分率见《编制规定》78 页。

施工临时工程中的导流工程、施工交通工程、施工场外供电和施工仓库等费用的计算方法与建筑工程相同。办公、生活及文化福利建筑费和其他施工临时工程费的计算，示例见表 3-22。

【例 3-15】 某枢纽工程的建安工作量(不包括办公、生活及文化福利建筑和其他临时工程费)为 94510800 元，工期 5 年，全员劳动生产率为 60000 元/(人·年)。室外工程地形条件差。计算办公、生活及文化福利建筑费和其他临时工程费。

表 3-22　办公、生活及文化福利建筑费和其他施工临时工程费计算表

J3　=　=A3*(1+B3)*C3*D3/E3/F3*G3*H3*I3

	A	B	C	D	E	F	G	H	I	J
1	办公、生活及文化福利建筑费计算表									
2	建安工作量(元)(不包括办公、生活及文化福利和其他施工临时工程)	其他施工临时工程百分率	人均建筑面积(m^2/人)	单价(元)	工期(年)	全员劳动生产率(元/人·年)	人数调整系数	室外工程系数	单价调整系数	办公、生活及文化福利建筑费(元)
3	94510800	3.5%	12	1037	5	60000	1.10	1.15	0.55	2823018.68
4	其他施工临时工程费计算表									
5	一至四部分建安工作量(元)(不包括其他施工临时工程费)	其他施工临时工程百分率	其他施工临时工程费(元)							
6	97333818.68	3.5%	3406683.65							

安装单价汇总 / 建筑概算 / 设备费 / 安装概算 / 办公其他费 / 独立费用 / 分年度投资

解:按设计人均建筑面积取 12m^2/人,当地房屋单位造价 1037 元/m^2。按工程条件查《编制规定》,取 $K_1 = 1.10$, $K_2 = 1.15$, $K_3 = 0.55$,其他临时工程百分率取 3.5%。

将已确定的数据输入表 3-22 的相应单元格,然后计算。

计算办公、生活及文化福利建筑费:击活 J3 单元格,输入"= A3 * (1 + B3) * C3 * D3/E3/ F3 * G3 * H3 * I3",确认。

计算其他临时工程费:击活 A6 单元格,输入"= A3 + J3",确认,在 A6 单元格显示出一至四部分的建安工作量(不包括其他临时工程)。

击活 C6 单元格,输入"= A6 * B6",确认。

五、独立费用

独立费用包括建设管理费、生产准备费、科研勘测设计费、建设及施工场地征用费和其他五大项。

(一)建设管理费

建设管理费包括项目建设管理费、工程建设监理费和联合试运转费三项。

1.项目建设管理费

项目建设管理费包括建设单位开办费和建设单位经常费两项。

1)建设单位开办费

新建工程的开办费由建设单位开办费标准和建设单位定员人数确定。改扩建与加固工程原则上不计开办费。

《编制规定》第六章中表14给出了建设单位开办费标准,《编制规定》第六章中表15给出了建设单位定员人数标准,使用时可查用。

2)建设单位经常费

建设单位经常费包括建设单位人员经常费和工程管理经常费两项。

(1)建设单位人员经常费用按下式计算:

建设单位人员经常费=费用指标(元/(人·年))×定员人数×经常费计算期(年)

式中,定员人数与计算建设单位开办费的定员人数相同。

费用指标按下面规定取用:《编制规定》表16与表17分别给出了枢纽工程、引水工程与河道工程的六类(北京)地区建设人员经常费用指标;非六类地区按当地当年的基本工资、辅助工资、工资附加费、劳动保护费及费用标准调整。

经常费用计算期按下式计算:

经常费用计算期=筹建期+总工期+0.5(年)

式中 筹建期——大型水利枢纽工程、大型引水工程、灌溉或排涝面积大于10万公顷工程为1~2年,其他工程为0.5~1年;

总工期——由施工组织设计确定。

【例3-16】 计算八类地区枢纽工程建设单位人员经常费用

指标。已知该地区工人基本工资为 421 元/月，干部基本工资为 573 元/月，地区津贴 90 元/月。

解：调整计算见表 3-23。表中左半侧是《编制规定》的六类(北京)地区建设单位人员经常费用指标，右半侧是八类地区建设单位人员经常费用指标计算结果。

表 3-23　地区建设单位人员经常费用指标计算表

序号	项目	六类地区		八类地区	
		计算公式	金额元/(人·年)	计算公式	金额元/(人·年)
1	基本工资		6420		6758
	工人	400 元/月×12 月×10%	480	421 元/月×12 月×10%	505
	干部	550 元/月×12 月×90%	5940	579 元/月×12 月×90%	6253
2	辅助工资		2446		3540
	地区津贴	北京地区无		90×12	1080
	施工津贴	5.3 元/天×365 天×0.95	1838	5.3 元/天×365 天×0.95	1838
	夜餐津贴	4.5 元/工日×251 工日×30%	339	4.5 元/天×251 工日×30%	339
	节日加班津贴	6420÷251×10×3×35%	269	6758÷251×10×3×35%	283
3	工资附加费		4432		5149
	职工福利基金	1~2 项之和 8866×14%	1241	10298×14%	1442
	工会经费	1~2 项之和 8866×2%	177	10298×2%	206
	职工教育经费	1~2 项之和 8866×1.5%	133	10298×1.5%	154
	养老保险费	1~2 项之和 8866×20%	1773	10298×20%	2060
	医疗保险费	1~2 项之和 8866×4%	355	10298×4%	412
	工伤保险费	1~2 项之和 8866×1.5%	133	10298×1.5%	114
	职工失业保险基金	1~2 项之和 8866×2%	177	10298×2%	206
	住房公积金	1~2 项之和 8866×5%	433	10298×5%	515
4	劳动保护费	基本工资 6420×12%	770	6758×12%	811
5	小计		14068		16258
6	其他费用	1~4 项之和 14068×180%	25322	16258×180%	29264
7	合计		39390		45522

(2)工程管理经常费按下式计算：

工程管理经常费=(建设单位开办费+建设单位人员经常费)×工程管理经常费百分率

工程管理经常费百分率见《编制规定》82 页。

2. 工程建设监理费

按照国家及省、自治区、直辖市计划(物价)部门有关规定计算。国家物价局、建设部[1992]价费字479号文,《工程建设监理费有关规定》规定:工程建设监理费,根据委托监理业务的范围、深度和工程的性质、规模、难易程度及工作条件等情况,按照下列方法之一计收。

(1)按所监理工程概、预算的百分比计收,见表3-24。

表3-24　工程建设监理收费标准

序号	工程概、预算 M(万元)	设计阶段(含设计招标)监理取费 a(%)	施工(含施工投标)及保修阶段监理取费 b(%)
1	$M<500$	$0.2<a$	$2.5<b$
2	$500\leqslant M<1000$	$0.15<a\leqslant0.2$	$2.00<b\leqslant2.50$
3	$1000\leqslant M<5000$	$0.10<a\leqslant0.15$	$1.40<b\leqslant2.00$
4	$5000\leqslant M<10000$	$0.08<a\leqslant0.10$	$1.20<b\leqslant1.40$
5	$10000\leqslant M<50000$	$0.05<a\leqslant0.08$	$0.80<b\leqslant1.20$
6	$50000\leqslant M<100000$	$0.03<a\leqslant0.05$	$0.60<b\leqslant0.80$
7	$100000\leqslant M$	$a\leqslant0.03$	$b\leqslant0.60$

(2)按照参与监理工作的年度平均人数计算:3.5万~5万元/(人·年)。

工程建设监理费=费用指标(元/(人·年))×定员人数×监理费用计算期

以上两项规定为指导性价格,具体由建设单位与监理单位在规定的幅度内协商确定。

(3)不宜按上两项办法计收的,由建设单位和监理单位商定的其他办法计收。

监理费用计算期从临时工程开工之日起至竣工之日止。

3.联合试运转费

《编制规定》第六章中表18给出了水电站工程和电力泵站工程的联合试运转费，使用时可查用。

【例3-17】 计算六类地区综合利用水利枢纽建设管理费。设总库容1亿m^3，工期5年，筹建期1年，工程建安工作量为100740500元。

解：计算见表3-25。

计算程序如下：

(1)计算建设单位开办费。由库容1亿m^3查《编制规定》第六章中表15得定员人数为40人和第六章中表14得开办费为220万元，输入G5单元格。

(2)计算建设单位人员经常费。由《编制规定》第六章中表16查得经常费用指标为39390元，输入C7单元格，将定员人数输入D7单元格。经常费计算期=1+5+0.5=6.5年，输入F7单元格。

表3-25　独立费用计算表

G3　=SUM(G5:G10)

	A	B	C	D	E	F	G
1	独立费用计算表						
2	序号	费用名称	费用标准(元)	定员人数	百分率	计算期(年)	费用(元)
3	一	建设管理费					18810700
4	(一)	项目建设管理费					
5	1	建设单位开办费					2200000
6	2	建设单位经常费					
7	(1)	建设单位人员经常费	39390	40		6.5	10241400
8	(2)	工程管理经常费	12441400		35%		4354490
9	(二)	工程建设监理费	100740500		2%		2014810
10	(三)	联合试运转费					0

砂石价 / 自采砂石价 / 混凝土材料价 / 建筑单价 / 建筑单价

击活 G7 单元格，输入“= C7 * D7 * F7”，确认。

(3)计算工程管理经常费。击活 C8 单元格，输入“= G5 + G7”，确认；在 E8 单元格输入由《编制规定》查得的工程管理经常费百分率(35%)。击活 G8 单元格，输入“= C8 * E8”，确认。

(4)计算工程建设监理费。根据一至四部分计算出建安工作量为 100740500 元，输入 C9 单元格。查表 3-24 确定出百分率 2%，输入 E9 单元格。

击活 G9 单元格，输入“= C9 * E9”，确认。

(5)本工程无电站、泵站试运转费。

(6)计算建设管理费。击活 G3 单元格，输入“= SUM(G5:G10)”，确认。

(二)生产准备费

生产准备费包括生产单位提前进厂费、生产职工培训费、管理用具购置费、备品备件购置费和工器具及生产家具购置费五项。

计算公式如下：

生产准备费 = ∑计算基数 × 百分率

前三项的计算基数为一至四部分的建安工作量，后面两项的计算基数为设备费。《编制规定》82～83 页给出了百分率，使用时可查用。

【例 3-18】 计算【例 3-17】所示工程的生产准备费。

解：计算见表 3-26。

计算程序如下：

先将已计算出的一至四部分建安工作量调入 C24、C25、C26 单元格。将设备费(包括运杂费)调入 C27、C28 单元格。根据工程实际情况按《编制规定》确定出费率百分率，输入 D 列，然后计算。

(1)计算各项费用。击活 E24 单元格，输入“= C24 * D24”，确认。然后用下拉法求出其他各项费用。

表 3-26　独立费用计算表

E24　=　=C24*D24

	A	B	C	D	E
21	独立费用计算表				
22	序号	费用名称	计算基数(元)	百分率	费用(元)
23	二	生产准备费			995436.07
24	1	生产及管理单位提前进厂费	100740500	0.4%	402962.00
25	2	生产职工培训费	100740500	0.5%	503702.50
26	3	管理用具购置费	100740500	0.08%	80592.40
27	4	备置备件购置费	1410202	0.5%	7051.01
28	5	工器具及生产家具购置费	1410202	0.08%	1128.16

砂石价 / 自采砂石价 / 混凝土材料价 / …

(2)计算生产准备费。击活 E23 单元格,输入“=SUM(E24:E28)”,确认。

(三)科研勘测设计费

科研勘测设计费包括工程科学研究试验费和工程勘测设计费。

1. 工程科学研究试验费

枢纽和引水工程科学研究试验费=建安工作量×0.5%

河道工程科学研究试验费=建安工作量×0.2%

2. 工程勘测设计费

按国家发展计划委员会、建设部计价格工程[2002]10 号文件(以下简称[2002]10 号文)规定计算工程勘测设计费。

工程勘测、设计收费=基准价×(1±浮动幅度值)

基准价=基本勘测、设计收费+其他勘测、设计收费

基本勘测、设计收费=收费基价×专业调整系数×工程复杂

程度调整系数×附加调整系数

附加调整系数有两个以上时,附加调整系数相加减附加调整系数个数加定值 1,作为附加调整系数。

收费基价和调整系数参阅[2002]10 号文。

【例 3-19】 计算【例 3-17】所示工程的科研勘测设计费。该工程挡水建筑物用于防洪与灌溉。土坝坝高 50m,岩石Ⅵ级,岩性较均一,地质构造中等,地形地貌中等,坝址覆盖层盖层<10m,水文地质与水文勘察难度均为中等,库岸无不稳定体,库区无永久性渗漏问题。坝线用三条线比较,地震设防烈度 8 度,环保要求一般,河流多泥沙、有冰凌,基础处理中等,地理位置远离居民点,交通困难。

解:计算见表 3-27。

表 3-27 独立费用计算表

L33 = =SUM(L34:L38)

	A	B	C	D	E	F	G	H	I	J	K	L
31	独立费用计算表											
32	序号	费用名称	建安工作量或收费基价	收费百分率	专业调整系数	工程复杂程度调整系数	附加调整系数	基本收费(元)	其他收费(元)	基准价(元)	浮动值	费用(元)
33	三	科研勘测设计费										1743828.10
34	1	工程科学研究试验费	100740500	0.5%								503702.50
35	2	工程勘测费										
36	(1)	工程勘测收费	388000		1.04	1	1.4	564928	0	564928	5%	593174.40
37	(2)	工程勘测作业准备费	564928	15%								84739.20
38	3	工程设计费	388000		1.2	1.15	1	535440	0	535440	5%	562212.00

安装概算 / 办公其他费 / 独立费用 / 分年度投资 / 施工进度 / 资金流量 / 价差 / 融资利

计算程序如下:

(1)计算工程科学研究试验费。在 C34 单元格输入建安工作量 100740500 元,在 D34 单元格,输入《编制规定》的百分率 0.5%。

击活 L34 单元格,输入“=C34 * D34”,确认。

(2)计算工程勘测收费。根据工程一至四部分建安费(100740500 元),查[2002]10 号文确定出收费基价 388000 元,输入 C36 单元格。查[2002]10 号文,水库的专业调整系数为 1.04,按工程勘测复杂程度确定出工程勘测复杂程度系数为 1,附加调整系数:按三条坝线为 1.3、按地震设防烈度 8 度取 1.1,故附加调整系数为 1.3+1.1-2+1=1.4,输入 E36、F36、G36 单元格。

击活 H36 单元格,输入“=C36 * E36 * F36 * G36”,确认,即求出基本勘测收费。

在 I36 单元格输入其他勘测收费(本例无)。

击活 J36 单元格,输入“=H36+I36”,确认,求出基准价。

在 K36 单元格输入甲、乙确定的浮动值(本例取正 5%)。

击活 L36 单元格,输入“=J36 * (1+K36)”,确认,可求出工程勘测收费。

(3)计算工程勘测作业准备费。[2002]10 号文规定工程勘测作业准备费为基准价的 15%~20%,本例取 15%。

击活 C37 单元格,输入“=H36+I36”,确认。

在 D37 单元格,输入确定的百分率 15%。

击活 L37 单元格,输入“=C37 * D37”,确认。

(4)计算工程设计费。与工程勘测收费计算方法相同。

(5)计算科研勘测设计收费。击活 L33 单元格,输入“=SUM(L34:L38)”,确认。

(四)建设及施工场地征用费

建设及施工场地征用费参照移民和环境部分概算编制规定进行计算。

【例 3-20】 计算【例 3-17】所示工程的建设及施工场地征用费,已知水库淹没耕地及建设用地总计 287 亩,施工场地用地 35 亩。房屋拆迁 156 间,迁坟 45 座,毁损果树 564 株,杂树 2678 株。

按当地规定永久用地每亩 8500 元，临时用地 2500 元，房屋拆迁费每间 6000 元，迁坟每座 350 元，果树每株 82 元，杂树每株 38 元。计算见表 3-28。

解：先将构成各项费用的实物数量及单价输入 D、E 两列，然后计算。

计算程序如下：

(1)计算各项费用。击活 F44 单元格，输入"=D44 * E44"，确认。下拉到 F49 单元格。

(2)计算建设及施工场地征用费。击活 F43 单元格，输入"=SUM(F44:F49)"，确认。

表 3-28　独立费用计算表

F43 = =SUM(F44:F49)

	A	B	C	D	E	F
41	独立费用计算表					
42	序号	费用名称	单位	数量	单价(元)	合计(元)
43	四	建设及施工场地征用费				3626762
44	1	淹没及建设用地费	亩	287	8500	2439500
45	2	施工场地用地费	亩	35	2500	87500
46	3	拆迁房屋费	间	156	6000	936000
47	4	迁坟费	座	45	350	15750
48	5	毁损果树费	株	564	82	46248
49	6	毁损杂树费	株	2678	38	101764

安装概算 / 办公其他费 / 独立费用 / 分

(五)其他费用

其他费用包括定额编制管理费、工程质量监督费、工程保险费和其他税费共四项。

定额编制管理费按下列规定采用:沿海城市和建安工作量大的地区收费标准不超过建安工作量的0.4‰~0.8‰,其他地区不超过0.4‰~1.3‰,或按省、自治区、直辖市计划(物价)部门有关规定计算(国家发展计划委员会、财政部计价费[1997]2500号文件规定)。

工程质量监督费按下列规定采用:建设工程质量监督费按建安工作量计费,大城市不超过1.5‰,中等城市不超过2‰,小城市不超过2.5‰,已实施工程监理的建设项目,不超过0.5‰~1‰(国家物价局、财政部[1993]价费字149号《关于发布建设工程质量监督费的通知》规定)。具体收费标准按水利建设工程所在地省级物价、财政部门的规定执行。

工程保险费按工程一至四部分投资合计的4.5‰~5.0‰计算。

其他税费按国家有关规定计算。

【例3-21】 计算【例3-17】所示工程的其他费用。

解:计算见表3-29。

表3-29 独立费用计算表

E53 = =SUM(E54:E57)

	A	B	C	D	E
51	独立费用计算表				
52	序号	费用名称	建安工作量(元)	百分率	费用(元)
53	五	其他费用			654813.25
54	1	定额编制管理费	100740500	0.10%	100740.50
55	2	工程质量监督费	100740500	0.10%	100740.50
56	3	工程保险费	100740500	0.45%	453332.25
57	4	其他税费			—

安装概算 / 办公其他费 / 独立费用 / 分

首先将建安工作量输入C54、C55、C56单元格。将确定的百分率输入D列,然后计算。

计算程序如下:

(1)计算各项费用。击活E54单元格,输入"=C54*D54",确认。

下拉到E57单元格(本例无其他税收)。

(2)计算其他费用。击活E53单元格,输入"=SUM(E54:E56)",确认。

第四节 分年度投资、资金流量、预备费、建设期融资利息及总投资

一、分年度投资

分年度投资是根据施工组织设计的施工进度计划确定的各年度完成工程量而计算出的各年度预计完成投资量,是计算资金流量的依据。

计算各年度完成投资的具体作法如下。

1.建筑工程

建筑工程分年度投资的编制至少应按二级项目中的主要工程项目分别反映各自的建筑工作量,主要工程按各单项分年度完成的工程量和相应的工程单价计算。次要的和其他工程,可根据施工进度,按各年所占完成投资比例摊入各年度。

2.设备及安装工程

按施工进度计划确定的设备安装进度计算各年预计完成的设备费和安装费。

3.费用

按费用发生的时段,计入相应年内。

【例3-22】 计算【例3-17】所示工程的分年度投资。

解:计算见表 3-30。

表 3-30　分年度投资表

H28　=　=SUM(H6:H27)

	A	B	C	D	E	F	G	H	I	J
1	分年度投资表							单位：万元		
2	序号	项目	合计	建设工期（年）						
3				1	2	3	4	5	6	7
4	一	建筑工程								
5	1	建筑工程								
6		挡水工程(土坝)	4202.56		289.43	1491.14	1548.45	873.54		
7		泄洪工程(溢洪道)	2012.97			403.00	806.00	803.97		
8		引水工程(输水洞)	2462.89	1262.89	1200.00					
9		交通工程	120.00				60.00	60.00		
10		房屋建筑工程	231.66			231.66				
11		其他建筑工程	219.75			219.75				
12	2	施工临时工程								
13		导流工程	54.68	49.21	5.47					
14		施工交通工程	64.95	32.47	32.48					
15		施工场外供电工程	49.26	49.26						
16		房屋建筑工程	282.30	141.00	141.30					
17		其他施工临时工程	340.67	170.50	170.17					
18	二	安装工程								
19		金属结构设备安装工程	32.35				9.70	22.65		
20	三	设备工程								
21		金属结构设备	142.03				142.03			
22	四	独立费用	2583.15							
23	1	建设管理费	1881.07	442.22	442.22	332.21	332.21	332.21		
24	2	生产准备费	99.54				49.77	49.77		
25	3	科研勘测设计费	174.38	75.18	24.80	24.80	24.80	24.80		
26	4	建设及施工场地征用费	362.68	181.34	181.34					
27	5	其他费用	65.48	13.10	13.10	13.10	13.10	13.08		
28		一至四部分合计	12799.22	2417.17	2500.31	2715.66	2986.06	2180.02		

安装概算 / 办公其他费 / 独立费用 / 分年度投资 / 施工进度 / 资金流量

计算程序如下:

(1)主要建筑工程分年度投资计算。以土坝为例,土坝的施工进度计划见表 3-31。

土坝施工期为第 2 年到第 5 年,在表 3-30 上计算各年投资。

第 2 年投资:击活 E6 单元格,输入"=(110 * 建筑单价汇总!$D$4 + 26 * 建筑单价汇总!$D$5 + 230 * 建筑单价汇总!$D$6 + 362 * 建筑单价汇总!$D$7)/10000",确认。

第 3 年投资:击活 F6 单元格,输入"=(120 * 建筑单价汇总!$D$8 + 7162 * 建筑单价汇总!$D$9)/10000 + 58.88",确认。

表 3-31　土坝工程施工进度计划

D4 = 110

	A	B	C	D	E	F	G	H	I
1	土坝工程施工进度计划								
2	编号	工程项目名称	单位	数量	施工期（年）				
3					1	2	3	4	5
4	1	削坡土方	100m³	110		110			
5	2	削坡石方	100m³	26		26			
6	3	坝基砂砾石	100m³	230		230			
7	4	坝基石方开挖	100m³	362		362			
8	5	排水堆石体	100m³	120			120		
9	6	坝体填土	100m³	18008.69			7162.00	7162.00	3684.69
10	7	反滤料填筑	100m³	152.30				152.30	
11	8	干砌石护坡	100m³	118.58				40	78.58
12	9	防浪墙浆砌石	100m³	1.50					1.50
13	10	坝顶干砌石	100m³	5.16					5.16
14	11	细部构造工程	万元	154.61			58.88	60.87	34.86

办公其他费 / 独立费用 / 分年度投资 / 施工进度 / 资

第 4 年投资：击活 G6 单元格，输入“=(7162 * 建筑单价汇总！$D$9+152.3 * 建筑单价汇总！$D$10+40 * 建筑单价汇总！$D$11)/10000+60.87”，确认。

第 5 年投资：击活 H6 单元格，输入“=(3684.69 * 建筑单价汇总！$D$9+78.58 * 建筑单价汇总！$D$11+1.5 * 建筑单价汇总！$D$12+5.16 * 建筑单价汇总！$D$13)/10000+34.86”，确认。

同法可以作出溢洪道输水洞的分年度投资。

(2)导流工程。安排在第 1 年完成 90%，第 2 年完成 10%。

击活 D13 单元格，输入“=C13 * 90%”，确认。

击活 E13 单元格，输入“=C13 * 10%”，确认。

其他建筑工程安排见表 3-30。

(3)安装工程分年度投资计算。金属结构设备(输水洞闸门)安装，施工总进度安排在第 4～第 5 年，第 4 年完成 30%，第 5 年完成 70%。

击活 G19 单元格，输入“=C19＊30%”，确认。

击活 H19 单元格，输入“=C19＊70%”，确认。

(4)设备工程分年度投资计算。输水洞闸门于第 4 年到货，投资安排在第 4 年。

击活 G21 单元格，输入“=C21”，确认。

(5)独立费用分年度投资计算。① 建设管理费中建设单位开办费平均安排在第 1 年与第 2 年，建设单位管理费、工程质量监理费平均安排在五年内。击活 D23 单元格，输入“=独立费用！$G$5/2/10000+(C23-独立费用！ $G$5/10000)/5”，确认。E23 与 D23 相同，复制。击活 F23 单元格，输入“=(C23-独立费用！$G$5/10000)/5”，确认。复制 G23、H23。② 生产准备费平均安排在第 4～第 5 年内。击活 G24 单元格，输入“=C24/2”，确认，复制出 H24。③ 科研费安排在第 1 年内，勘测设计费平均安排在五年内。击活 D25 单元格，输入“=独立费用！ $L$34/10000+(C25-独立费用！$L$34/10000)/5”，确认。击活 E25 单元格，输入“=(C25-独立费用！ $L$34/10000)/5”，确认。复制 F25、G25、H25。④ 征地费平均安排在第 1、第 2 年内。击活 D26 单元格，输入“=C26/2”，确认。复制 E26。⑤ 其他费用平均安排在五年内。击活 D27 单元格，输入“=C27/5”，确认。复制 E27、F27、G27，击活 H25，输入“=C25-SUM(D25:G25)”，确认。

(6)计算一至四部分合计。击活 C28 单元格，输入“=SUM(C6:C27)”，确认。

用右拉法可求出各年度的一至四部分合计。击活 C28 单元格，鼠标指向 C28 单元格右下角的黑方块，当指针变成十字形时，按左键右拉。

二、资金流量

资金流量是按工程建设所需资金投入时间计算的各年度使用

的资金量。

资金流量的计算,以分年度投资表为依据,按建筑安装工程,永久设备工程和独立费用三种类型分别计算,项目划分到一级或二级。

(一)建安工程资金流量

资金流量是对一级项目中的主要工程项目,在分年度投资的基础上,考虑工程预付款、预付款的扣回、保留金和保留金的偿还等进行分年计算。

预付款包括工程预付款和工程材料预付款。工程预付款按划分的单个工程项目的建安工作量的10%~20%计算(需要购置特殊施工机械设备或施工难度大的项目取大值,其他项目取中小值)。工期在三年以内的工程全部安排在第一年,工期在三年以上的工程安排在前两年。从完成建安工作量的30%起开始,按完成建安工作量的20%~30%扣回,直至扣完为止。工程材料预付款按次年完成建安工作量的20%安排在本年,并于次年扣回,如此直到竣工(河道工程和灌溉工程等不计此项预付款)。

保留金按建安工作量的2.5%计算。每年扣留年度完成建安工作量的5%直到全部建安工作量的2.5%为止。保留金偿还全部安排在工程完成后一年。

【例3-23】 计算前述土坝工程的资金流量。按合同规定工程预付款按建安工作量的20%计。从完成建安工作量的30%起开始,按完成建安工作量的30%扣回,保留金按建安工作量的2.5%计。

解:计算见表3-32。

首先将土坝总投资和分年度投资由分年度投资表调入C5、E6~H6单元格,然后计算。

(1)计算工程预付款。该工程工期4年,预付款安排在前两年(第2、第3年),每年各安排50%。

表 3-32　资金流量计算表　　　单位:万元

E7　=C5*20%*50%

	A	B	C	D	E	F	G	H	I
1	资金流量表								
2	序号	项目	合计	建设工期(年)					
3				1	2	3	4	5	6
4	一	建筑工程							
5	1	土坝工程	4202.56						
6		分年度投资(-)			289.43	1491.14	1548.45	873.54	
7		预付款(-)			420.26	420.26			
8		预付款扣回(+)					534.17	306.35	
9		保留金(+)			14.47	74.56	16.03		
10		保留金偿还(-)							105.06
11		合计(-)	4202.56		695.22	1836.84	889.25	567.19	105.06
12	2	……							

办公其他费 / 独立费用 / 分年度投资 / 施工进度 / 资金流量 / 价差 / 融资

击活 E7 单元格,输入"= C5 * 20% * 50%",确认。

击活 F7 单元格,输入"= E7",确认。

(2)计算预付款扣回。至第 3 年末,已完成了 1780.57 万元,超过全部建安工作量的 30%,第 4 年开始扣回,逐年扣回量计算如下:

击活 G8 单元格,输入"= (E6 + F6) * 30%",确认。

击活 H8 单元格,输入"= MIN(G6 * 30%,(E7 + F7 - G8))",确认。

击活 I8 单元格,输入"= MIN(H6 * 30%,(E7 + F7 - G8 - H8))",确认。

I8 单元格的值为 0,预付款扣回计算完毕。

(3)计算保留金。击活 I10 单元格,输入"= C5 * 2.5%",确认。

击活 E9 单元格,输入"= E6 * 5%",确认。

击活 F9 单元格,输入"= MIN(F6 * 5%,(I10 - E9))",确认。

击活 G9 单元格,输入"= MIN(G6 * 5%,(I10 - E9 - F9)",确认。

击活 H9 单元格,输入"= MIN(H6 * 5%,(I10 - E9 - F9 -

G9))",确认。H9 单元格值为 0,保留金计算完毕。

(4)计算合计。击活 E11 单元格,输入"= E6 + E7 − E8 − E9 + E10",确认,即可求出第 2 年的合计(资金流量)。

用右拉法求出第 3、4、5、6 各年的资金流量。

【练习题 3-7】 计算溢洪道的资金流量。其分年度投资见表 3-30。工程预付款按建安工作量 20%计,预付款按建安工作量的 20%扣回。

【例 3-24】 计算表 3-30 金属结构设备安装工程的资金流量。无工程预付款,材料预付款按建安工作量的 20%计。

解:计算见表 3-33(计算过程从略)。

【练习题 3-8】 写出表 3-33 的计算过程。

表 3-33 资金流量计算表 单位:万元

F26 = =G25*20%

	A	B	C	D	E	F	G	H	I
21	资金流量表								
22	序号	项目	合计	建设工期(年)					
23				1	2	3	4	5	6
24	二	安装工程							
25	1	分年度投资(-)	32.35				9.70	22.65	
26	2	工程材料预付款(-)				1.94	4.53		
27		预付款扣回(+)					1.94	4.53	
28	3	保留金(+)					0.49	0.32	
29		偿还保留金(-)							0.81
30		合计(-)	32.35			1.94	11.80	17.80	0.81

办公其他费 / 独立费用 / 分年度投资 / 施工进度 / 资金流量 / 价差

(二)永久设备资金流量

永久设备资金流量按主要设备资金流量与其他设备资金流量两类分别计算。

(1)主要设备(水轮发电机组、大型水泵、主阀、主变压器、桥机、门机、高压断路器或高压组合电器、金属结构、闸门、启闭机等)的资金流量按到货周期确定各年资金流量比例计算(查阅《编制规定》第六章中表 19)。例如到货周期 1 年(第 2 年到货),各年资金流量比例:第 1 年 15%,第 2 年 75%,第 3 年 10%。

(2)其他设备的资金流量,到货前一年预付 15%定金,到货后支付剩余的 85%价款。

【例 3-25】 计算表 3-30 中金属结构设备(闸门)的资金流量。闸门第 3 年订货,第 4 年到货,到货周期 1 年。

解:计算见表 3-34。将设备费由表 3-30 调入 C44 单元格,然后计算。

表 3-34 资金流量计算表 单位:万元

G50 = =G45*75%

	A	B	C	D	E	F	G	H	I
41	资金流量表								
42	序号	项目	合计	建设工期(年)					
43				1	2	3	4	5	6
44	三	设备工程	142.03						
45	1	分年度投资(—)					142.03		
46	2	预付款(—)							
47	3	扣回预付款(+)							
48	4	保留金(+)							
49	5	偿还保留金(—)							
50		合计(—)	142.03			21.31	106.523	14.20	

分年度投资 / 施工进度 / 资金流量 / 价差 / 融资利息 / 总概算 / 工

击活 F50 单元格,输入“= C44 * 15%”,确认。

击活 G50 单元格,输入“= C44 * 75%”,确认。

击活 H50 单元格,输入“= C44 * 10%”,确认。

(三)独立费用资金流量

可行性研究及初步设计阶段的勘测设计费按合理工期分年平均计算。技施阶段的勘测设计费的 95%,按合理工期分年平均计算,剩余 5%作设计保证金,计入最后一年的资金流量内。

其他项目均按分年度投资计算。

【例 3-26】 计算表 3-30 独立费用的资金流量。

解:计算见表 3-35。

表 3-35　资金流量计算表　　　　单位：万元

H82　　=SUM(H75:H81)

	A	B	C	D	E	F	G	H
71	资金流量计算表							
72	序号	费用名称	费用	建设工期（年）				
73				1	2	3	4	5
74	四	独立费用						
75	(一)	建设管理费	1881.07	442.22	442.22	332.21	332.21	332.21
76	(二)	生产准备费	99.54				49.77	49.77
77	(三)	科研勘测设计费						
78	1	工程科学研究试验费	50.37	50.37				
79	2	工程勘测设计费	124.01	24.81	24.80	24.80	24.80	24.80
80	(四)	建设及施工场地征用费	362.68	181.34	181.34			
81	(五)	其他费用	65.48	13.10	13.10	13.10	13.10	13.08
82		合计	2583.15	711.84	661.46	370.11	419.88	419.86

办公其他费 / 独立费用 / 分年度投资 / 施工进度 / 资金流量 / 价

首先由独立费用计算表(或表 3-30)将各项费用调入 C 列。

勘测设计费按合理工期分年平均计算，其他项目按分年度投资安排计算。计算过程如下：

击活 D78 单元格，输入“= C78”，确认。

击活 D79 单元格，输入“= C79/5”，确认。复制出 E79、F79、G79、H79 单元格的数值。

其余各项费用的资金流量均由分年度投资表调入分年度投资。

用 SUM 函数求出各年度的资金流量合计。

(四)资金流量表

将以上计算的各项费用的资金流量汇总成资金流量表，见表 3-36。

【练习题 3-9】　由表 3-30 到表 3-35 的计算结果完成表 3-36 的编制工作。

表 3-36 资金流量汇总表 单位:万元

C95 = =SUM(D95:I95)

	A	B	C	D	E	F	G	H	I
91	资金流量表								
92	序号	项目	合计	建设工期(年)					
93				1	2	3	4	5	6
94	一	建筑工程							
95		分年度资金流量	10041.69	2274.91	1775.26	2811.66	2016.92	1050.46	112.48
96		挡水工程(土坝)	4202.56		695.22	1836.84	998.25	567.19	105.06
97		溢洪工程(溢洪道)	2012.97			584.15	977.13	441.27	10.42
98		引水工程(输水洞)	2462.89	1693.89	821.13	-52.13			
99		交通工程	120.00				81.00	42.00	-3.00
100		房屋建筑工程	231.66			272.20	-40.54		
101		其他建筑工程	219.75			218.67	1.08		
102		导流工程	54.68	58.78	-4.37	0.27			
103		施工交通工程	64.95	43.84	22.74	-1.63			
104		施工场外供电工程	49.26	57.88	-8.62				
105		施工房屋建筑工程	282.30	190.41	113.09	-21.20			
106		其他施工临时工程	340.67	230.11	136.07	-25.51			
107	二	安装工程							
108		分年度资金流量	32.35			1.94	11.80	17.8	0.81
109	三	设备工程							
110		分年度资金流量	142.03			21.31	106.52	14.20	
111	四	独立费用							
112		分年度资金流量	2583.15	711.84	661.46	370.11	419.88	419.86	
113		一至四部分合计							
114		分年度资金流量	12799.22	2986.75	2436.72	3205.02	2555.12	1502.32	113.29
115		基本预备费	767.95	145.03	150.02	162.9402	179.16	130.80	
116		静态总投资	13567.17	3131.78	2586.74	3367.96	2734.28	1633.12	113.29
117		价差预备费	782.95	62.64	104.50	206.15	225.39	169.98	14.29
118		建设期融资利息	1592.14	44.56	129.16	223.63	236.72	410.20	457.87
119		总投资	15942.26	3238.98	2820.40	3797.74	3286.39	2213.30	585.45

办公其他费 / 独立费用 / 分年度投资 / 施工进度 / 资金流量 / 价差 / 融资

三、预备费

预备费包括基本预备费与价差预备费两项。

(一)基本预备费

基本预备费是用以解决设计变更、国家政策变动及意外事故所增加的投资。在资金流量表上计算(表 3-36)。

基本预备费按工程一至五部分投资合计(依据分年度投资表,表中集约为四部分)的百分率计算,初步设计阶段百分率为 5.0%～8.0%(根据工程规模、施工年限和地质条件选用)。

计算基本预备费，首先需确定基本预备费的百分率(例如6%)，然后计算。

击活 C115 单元格，输入"=分年度投资！$C$28*6%"，确认。

击活 D115 单元格，输入"=分年度投资！$D$28*6%"，确认。

击活 E115 单元格，输入"=分年度投资！$E$28*6%"，确认。

击活 F115 单元格，输入"=分年度投资！$F$28*6%"，确认。

击活 G115 单元格，输入"=分年度投资！$G$28*6%"，确认。

击活 H115 单元格，输入"=分年度投资！$H$28*6%"，确认。

(二)价差预备费

价差预备费是用以解决人工工资、材料和设备价格上涨及费用标准调整而增加的投资，以资金流量表的静态投资为计算基数。

价差预备费的计算公式如下：

$$E = \sum_{n=1}^{N} F_n[(1+p)^n - 1]$$

式中 E——价差预备费；

N——合理建设工期；

n——施工年度；

F_n——在建设期间资金流量表内第 n 年的投资；

p——年物价指数，用国家发展计划委员会发布的年物价指数。

【例 3-27】 计算表 3-36 中的价差预备费，设年平均物价指数为 2%。

解:计算见表 3-37。

表 3-37　价差预备费计算表　　　单位:万元

D9 = =SUM(D3:D8)

	A	B	C	D
1	价差预备费计算表			
2	施工年度	年度静态投资	$(1+p)^n-1$	价差预备费
3	1	3131.78	0.02	62.64
4	2	2586.74	0.0404	104.50
5	3	3367.96	0.061208	206.15
6	4	2734.28	0.082432	225.39
7	5	1633.12	0.104081	169.98
8	6	113.29	0.126162	14.29
9	合计			782.95

分年度投资 / 施工进度 / 资金流量 / 价差

首先,计算各年度的静态投资。

静态投资 = 一至五部分(表 3-36 中为四部分)合计 + 基本预备费

在表 3-36 中,击活 C116 单元格,输入"= C114 + C115",确认,右拉到 I116 单元格。由表 3-36 将各年度的静态投资调入到表 3-37 的 B 列,然后计算。

(1)计算 C 列。击活 C3 单元格,输入"= Power((1 + 2%),A3) - 1",确认。

下拉到 C8 单元格。

(2)计算各施工年度的价差预备费。

击活 D3 单元格,输入"= B3 * C3",确认后,D3 单元格即显示出第 1 年的价差预备费,然后用下拉的方法求出第 2～第 6 年的价差预备费。

(3)计算总价差预备费。击活 D9 单元格,输入"= SUM(D3:D8)",确认后,D9 单元格即显示出总价差预备费。

将计算结果调入表 3-36(资金流量表)的 117 行各相应单元格。

四、建设期融资利息

建设期融资利息的计算公式为

$$S = \sum_{n=1}^{N} [(\sum_{m=1}^{n} F_m \times b_m - \frac{1}{2} F_n \times b_n) + \sum_{m=0}^{n-1} S_m] i$$

式中 S——建设期融资利息；

N——合理建设工期；

n——施工年度；

m——还息年度；

F_n、F_m——建设期资金流量表内第 n、m 年的投资；

b_n、b_m——各施工年份融资额占当年投资比例；

i——建设期融资利率，央行 2004 年 10 月调整贷款利率，一年期为 5.58%；

S_m——第 m 年的付息额度。

【例 3-28】 计算表 3-36 中的建设期融资利息，年利率为 5.58%。设各年融资比例为 50%。

解:计算见表 3-38。

计算程序如下：

(1)计算年度投资。计算过程如下：

击活 B3 单元格，输入"=资金流量！$D$116+资金流量！$D$117"，确认。

击活 B4 单元格，输入"=资金流量！$E$116+资金流量！$E$117"，确认。

击活 B5 单元格，输入"=资金流量！$F$116+资金流量！$F$117"，确认。

击活 B6 单元格，输入"=资金流量！$G$116+资金流量！$G$117"，确认。

表 3-38 建设期融资利息计算表 单位:万元

F3 = =D3+E3

	A	B	C	D	E	F
1	建设期融资利息计算表					
2	施工年度	年度投资	年度累计投资	年度本金利息	年度利息的利息	年度融资利息
3	1	3194.42	3194.42	44.56		44.56
4	2	2691.24	5885.66	126.67	2.49	129.16
5	3	3574.11	9459.77	214.07	9.56	223.63
6	4	2559.67	12419.44	305.21	21.51	326.72
7	5	1803.1	14222.54	371.66	38.54	410.20
8	6	127.58	14350.12	398.59	59.28	457.87
9	合计					1592.14

安装单价 / 安装单价汇总 / 建筑概算 / 设备费 / 引

击活 B7 单元格,输入"=资金流量!$H$116+资金流量!$H$117",确认。

击活 B8 单元格,输入"=资金流量!$I$116+资金流量!$I$117",确认。

(2)计算年度累计投资。计算过程如下:

击活 C3 单元格,输入"=B3",确认后,在 C3 单元格即显示出第 1 年度的投资累计值。

击活 C4 单元格,输入"=B4+C3",确认后,在 C4 单元格即显示出第 2 年度的投资累计值。下拉到 C8 单元格。

(3)计算年度本金利息。计算过程如下:

击活 D3 单元格,输入"=(C3-0.5*B3)*0.5*5.58/100",确认后,D3 单元格即显示出第 1 年的融资利息。下拉到 D8 单元格。

(4)计算年度利息的利息。计算过程如下:

击活 E4 单元格,输入"=D3*5.58/100",确认后,E4 单元格即显示出第 1 年利息的值。

击活 E5 单元格，输入“=E4+D4*5.58/100”，确认后，E5 单元格即显示出第 2 年利息的利息。下拉到 E8 单元格。

(5)计算各年利息合计。计算过程如下：

击活 F3 单元格，输入“=D3+E3”，确认后，在 F3 单元格即显示出第 1 年的利息合计。下拉到 F8 单元格。

(6)计算建设期融资利息总合计。计算过程如下：

击活 F9 单元格，输入“=SUM(F3:F8)”，确认。

将利息合计及各年度融资利息调入表 3-36 的 118 行各单元格。

五、总投资

总投资=静态总投资+价差预备费+建设期融资利息

击活 C119 单元格，输入“=SUM(C116:C118)”，确认。

用右拉法求出各年度的总投资。

第五节　工程总概算

工程总概算由工程部分总概算与移民和环境总概算两部分组成。

一、工程部分总概算

工程部分总概算包括一至五部分(列至一级项目)投资、预备费和建设期融资利息，示例见表 3-39。计算一至五部分投资如下：

(1)首先由分年度投资表(表 3-30)调入各项工程投资，并按建安工程费、设备购置费、独立费用分别列出。

(2)再用 SUM 函数求出各部分费用合计(即 F 列)和一至五部分费用合计(26 行)。

表 3-39　总概算表(工程部分) 单位:万元

J5　=

	A	B	C	D	E	F	G
1	总概算表(工程部分)						
2	序号	工程或费用名称	建安工程费	设备购置费	独立费用	合计	占一至五部分投资(%)
3		第一部分 建筑工程	9249.83			9249.83	72.27
4	一	主体建筑工程	8678.42				
5		挡水工程(土坝)	4202.56				
6		泄洪工程(溢洪道)	2012.97				
7		引水工程(输水洞)	2462.89				
8	二	交通工程	120.00				
9	三	房屋建筑工程	231.66				
10	四	其他建筑工程	219.75				
11		第二部分 机电设备及安装工程	—	—		—	—
12		第三部分 金属结构设备及安装工程	32.35	142.03		174.38	1.36
13	一	引水工程(输水洞)	32.35	142.03			
14		第四部分 施工临时工程	791.86			791.86	6.19
15	一	导流工程	54.68				
16	二	施工交通工程	64.95				
17	三	施工场外供电工程	49.26				
18	四	施工房屋建筑工程	282.30				
19	五	其他施工临时工程	340.67				
20		第五部分 独立费用			2583.15	2583.15	20.18
21	一	建设管理费			1881.07		
22	二	生产准备费			99.54		
23	三	科研勘测设计费			174.38		
24	四	建设及施工场地征用费			362.68		
25	五	其他			65.48		
26		一至五部分合计	10074.05	142.03	2583.15	12799.22	100.00
27		基本预备费(6%)				767.95	
28		静态总投资				13567.17	
29		价差预备费				782.95	
30		建设期融资利息				1592.14	
31		总投资				15942.26	

资金流量 / 价差 / 融资利息 / 总概算 / 工程总概算 / 主要工程

(3)然后计算占一至五部分投资(%)(G 列)。

击活 G3 单元格,输入"=F3/$F$26*100",确认。

用下拉法可求出第二、三、四、五部分的投资(%)。

二、移民和环境工程总概算

移民和环境工程总概算包括水库移民征地补偿费、水土保持工程费和环境保护工程费三部分。计算方法和表格形式与工程部分总概算相同,在此不再赘述。

三、工程总概算

工程部分总概算与移民和环境工程总概算之和，便是工程总概算。见表 3-40。

表 3-40　工程总概算表

F27 = =F14+F24

	A	B	C	D	E	F
1		工程总概算表				单位：万元
2	序号	工程或费用名称	建安工程费	设备购置费	独立　费用	合计
3	I	工程部分投资				
4		第一部分　建筑工程	9249.83			9249.83
5		第二部分　机电设备安装工程				
6		第三部分　金属结构设备及安装工程	32.35	142.03		174.38
7		第四部分　施工临时工程	791.86			791.86
8		第五部分　独立费用			2583.15	2583.15
9		一至五部分投资合计				12799.22
10		基本预备费(6%)				767.95
11		静态总投资				13567.17
12		价差预备费				782.95
13		建设期融资利息				1952.14
14		总投资				15942.26
15	II	移民环境投资	341.00		250.00	591.00
16		一、水库移民征地补偿费			250.00	
17		二、水土保持工程费	325.32			
18		三、环境保护工程费	15.68			
19		一至三部分合计	341.00		250.00	591.00
20		基本预备费(6%)				35.46
21		静态总投资				626.46
22		价差预备费				23.64
23		建设期融资利息				41.29
24		总投资				691.39
25	III	工程投资总计				
26		静态总投资				14193.63
27		总投资				16633.65

办公其他费 / 独立费用 / 分年度投资 / 施工进度 / 资金流量 / 价差 / 融

表 3-40 中，Ⅰ、Ⅱ两部分的费用分别由工程部分总概算表、移民和环境工程总概算表中调入。第Ⅲ部分计算如下：

击活 F26 单元格，输入“= F11 + F21”，确认。

击活 F27 单元格，输入“= F14 + F24”，确认。

第六节　工、料用量及征地数量汇总

编制水利工程概算须作出主要工程量汇总表，计算出用工、用料量，并统计出建设及施工场地征用数量。

用工、用料量由工程量和定额用工、用料量计算。

一、主要工程量汇总

主要工程量由工程设计图计算。在统计时可由建筑、安装、临时工程概算表调入。表3-41是主要工程量汇总表的示例（仅列出土坝工程的主要工程量）。

表 3-41　主要工程量汇总表

E3 = =SUM(E4:E13)

	A	B	C	D	E	F	G	H	I	J	K
1	主要工程量汇总表										
2	序号	项目	土石方开挖(m^3)	石方洞挖(m^3)	土石方填筑(m^3)	砌石(m^3)	混凝土(m^3)	模板(m^2)	钢筋(t)	帷幕灌浆(m)	固结灌浆(m)
3	一	土坝工程	72800		1828099	12524					
4	1	削坡土方	11000								
5	2	削坡石方	2600								
6	3	坝基砂、砾石清除	23000								
7	4	坝基石方开挖	36200								
8	5	排水堆石体			12000						
9	6	坝体填土			1800869						
10	7	反滤料及过度层填筑			15230						
11	8	干砌石护坡				11858					
12	9	防浪墙浆砌石				150					
13	10	坝顶干砌石				516					
14	二	……									

价差 / 融资利息 / 总概算 / 工程总概算 / 主要工程量 / 材料量 / 工时

汇总的方法如下：击活C4单元格，输入“=100 * 建筑概算!$D$4”，确认。

同法可调入其他工程量。

然后计算总工程量。击活C3单元格，输入“=SUM(C4:

C13)”,确认。

用右拉法可求出其他工程量的总计。

二、主要材料量汇总

计算主要材料用量的公式如下:

工程用材料用量=工程量(定额单位)×1个定额用料量

机械用油、燃料用量=工程量(定额单位)×1个定额用机械台时数×机械台时用油、燃料量

表3-42是主要材料量汇总表的示例(仅列出土坝工程部分)。

表3-42　主要材料量汇总表

K3 = =SUM(K4:K13)

	A	B	C	D	E	F	G	H	I	J	K	L
1	主要材料量汇总表											
2	序号	项目	水泥(t)	钢筋(t)	钢材(t)	木材(m^3)	炸药(t)	沥青(t)	粉煤灰(t)	汽油(t)	柴油(t)	料石(m^3)
3	一	土坝工程	10.52				22.24				2937.74	130.05
4	1	削坡土方									11.15	
5	2	削坡石方					0.88				4.65	
6	3	坝基砂、砾石清除									25.41	
7	4	坝基石方开挖					21.36				68.48	
8	5	堆石排水体									17.40	
9	6	坝体填土									2778.08	
10	7	反滤料及过度层填筑									32.57	
11	8	干砌石护坡										
12	9	防浪墙浆砌石	10.52									130.05
13	10	坝顶干砌石										
14	二											

融资利息 / 总概算 / 工程总概算 / 主要工程量 / 材料量 / 工时数

计算方法如下:

(1)计算水泥用量。仅防浪墙浆砌石工程使用水泥。击活C12单元格,输入“=主要工程量!$F$12/100*23*305/1000”(23是$100m^3$砌体的砂浆用量,305是$1m^3$砂浆的水泥用量),确认。

(2)计算炸药用量。炸药用于削坡石方和坝基石方开挖。击活 G5 单元格,输入“=主要工程量!$C$5/100*34/1000”(34 是 100m³ 坡面石方开挖的炸药用量),确认。

击活 G7 单元格,输入“=主要工程量!$C$7/100*59/1000”(59 是 100m³ 基础石方开挖的炸药用量),确认。

(3)计算柴油用量。以坝体填土为例,过程如下:

击活 K9 单元格,输入“=主要工程量!$E$9/100*(建筑单价!$D$12*机械价!$F$10+建筑单价!$D$13*机械价!$F$8+建筑单价!$D$15*机械价!$F$13+1.26*(建筑单价!$D$41*机械价!$F$6+建筑单价!$D$42*机械价!$F$7+建筑单价!$D$43*机械价!$F$16))/1000”,确认。

(4)计算料石用量。仅防浪墙浆砌石用料石。击活 L12 单元格,输入“=主要工程量!$F$12/100*86.7”(86.7 是 100m³ 砌体的料石定额用量),确认。

(5)计算坝体填土用料总量。击活 C3 单元格,输入“=SUM(C4:C13)”,确认,再右拉。

【练习题 3-10】 用 Excel 计算削坡土方的柴油用量。

三、工时数量汇总表

计算工时数量的公式如下:

工时数=工程量(定额单位)×1 个定额工程量的工时用量

示例见表 3-43,表中仅列出土坝工程部分。

汇总方法(以坝体填土为例)如下:

击活 C9 单元格,输入“=主要工程量!$E$9/100*建筑单价!$D$8+1.26*主要工程量!$E$9/100*建筑单价!$D$38”(1.26 是挖运土量为填土量的倍数),确认。

同法可求出其他工程的工时数量。

击活 C3 单元格,输入“=SUM(C4:C13)”,确认。

表 3-43　工时数量汇总表

C3　=SUM(C4:C13)

	A	B	C	D
1	工时数量汇总表			
2	序号	项目	工时数量	备注
3	一	土坝工程	831157.02	
4	1	削坡土方	495.00	
5	2	削坡石方	4687.80	
6	3	坝基砂、砾石清除	1127.00	
7	4	坝基石方开挖	120960.80	
8	5	堆石排水体	3318.72	包括挖、装、运及填筑
9	6	坝体填土	631564.76	包括挖、装、运及填筑
10	7	反滤料及过度层填筑	3880.91	包括挖、装、运及填筑
11	8	干砌石护坡	60297.93	
12	9	防浪墙浆砌石	1807.05	
13	10	坝顶干砌石	3017.05	
14	二	……		

主要工程量 / 材料量 / 工时数 / 土地量

【练习题 3-11】　用 Excel 计算削坡土方的工时数量。

四、建设及施工场地征用数量汇总

由独立费用计算表调入,示例见表 3-44。

调入方法:击活 C3 单元格,输入“=”,单击工作表标签“独立费用”,独立费用计算表即显示在屏幕上,单击 D44 单元格,按 Enter 键,淹没及建设征地面积即被调入。

同法可调入施工场地用地面积。

击活 C5 单元格,输入“=C3+C4”,确认。

表 3-44 建设及施工场地征用数量汇总表

C5 = =C3+C4

	A	B	C	D
1	建设及施工场地征用数量汇总表			
2	序号	项目	占地面积(亩)	备注
3	1	淹没及建设征地	287	
4	2	施工场地用地	35	
5	合计		322	

材料量 工时数 土地量

【复习题】

1. 总结编制水利工程概算的步骤,绘制各计算表的关系图。

2. Excel 工作表下的标签有什么用处? 要将若干个计算表(例如建筑工程单价计算)设置在同一个 Excel 工作表上,如何设置?有什么好处?

3. 在什么条件下可用下拉法和右拉法?

4. 用 Excel 编制工程造价,若一数据改动,用该数据计算的数据能自动修改,如何利用这一特点?

第四章　投资估算电算编制简述

水利工程可行性研究报告阶段须编制投资估算(简称估算),估算在组成内容、项目划分和费用构成上与初步设计概算基本相同,但两者设计深度不同。因此,估算可根据《水利水电工程可行性研究报告编制规程》的有关规定,对初步设计概算编制规定中部分内容进行适当简化、合并或调整。其编制方法和计算标准简述如下。

一、计算基础单价

估算的基础单价与概算相同,电算方法参阅第三章第一节。

二、计算建筑、安装工程单价

按概算定额求出的单价乘以10%的扩大系数。

【例4-1】 做表3-12所示的坝体填土工程单价。

解:计算见表4-1。

其中直接工程费、间接费、企业利润、税金和土料运输与表3-12计算相同。计算扩大值:击活F23单元格,输入“=(F5+SUM(F19:F22))*10%”,确认。

计算合计(单价):击活F24单元格,输入“=F5+SUM(F19:F23)”,确认。

三、分部工程估算编制

(一)建筑工程

主体建筑工程、交通工程、房屋建筑工程的估算基本与概算相同,其他建筑工程估算视工程具体情况和工程规模按主体建筑工程投资的 3%～5%计算。

表 4-1　建筑工程单价表

F24 = =F5+SUM(F19:F23)

	A	B	C	D	E	F
1	建筑工程单价表					
2	定额编号：30078　项目：坝体填土工程　定额单位：100m³实方					
3	施工方法：用羊脚碾碾压					
4	编号	名称及规格	单位	数量	单价(元)	合计(元)
5	一	直接工程费	元			385.08
6	1	直接费	元			342.29
7	①	人工费	元	29.40	3.04	89.38
8		初级工	工时			
9	②	零星材料费	%	10		31.12
10	③	机械使用费	元			221.79
11		羊脚碾12t	台时	1.68	2.92	4.91
12		拖拉机74kW	台时	1.68	69.31	116.44
13		推土机74kW	台时	0.55	92.84	51.06
14		蛙式打夯机2.8kW	台时	1.09	13.66	14.89
15		刨毛机	台时	0.55	58.71	32.29
16		其他机械费	%	1		2.20
17	2	其他直接费	%	3.5		11.98
18	3	现场经费	%	9		30.81
19	二	间接费	%	9		34.66
20	三	企业利润	%	7		29.38
21	四	税金	%	3.22		14.46
22	五	土料运输	m³	126	11.9457	1505.16
23	六	扩大值	%	10		196.87
24		合计				2165.61

0 / 其他建筑估算 / Sheet1 / Sheet:

【例 4-2】　计算表 3-39 所示工程的其他建筑工程投资。

该工程主体建筑工程包括土坝、溢洪道、输水洞三大工程，其投资(估算)均较概算值扩大 10%，计算见表 4-2。

将土坝、溢洪道、输水洞的投资(估算)分别输入 E4、E5、E6 单元格，将确定的其他建筑工程投资占主要建筑工程投资的百分数输入到 D7 单元格，然后计算。

击活 E7 单元格，输入"=SUM(E4:E6)"，确认。

击活 F7 单元格，输入"=D7 * E7/100"，确认。

表 4-2　建筑工程估算表

E7 = =E4+E5+E6

	A	B	C	D	E	F
1	建筑工程估算表					
2	其他建筑工程估算					
3	序号	工程或费用名称	单位	数量	单价(元)	合计(元)
4	1	挡水工程(土坝)			46228160	
5	2	泄洪工程(溢洪道)			22142670	
6	3	引水工程(输水洞)			27091790	
7	4	其他建筑工程	%	5	95462620	4773131

建筑单价　其他建筑估算　Sheet1

(二)机电设备及安装工程

主要机电设备及安装工程估算基本与概算相同。其他机电设备及安装工程可按占主要机电设备费的百分率或单位千瓦指标计算。

(三)金属结构设备及安装工程

金属结构设备及安装工程估算基本与概算的相同。

机电设备及安装工程与金属结构设备及安装工程的估算与概算不同之处是用概算定额作的安装工程单价要增大 10%，因而，安装费也较概算增大 10%。例如，表 3-21 所示的设备及安装工程的估算安装费（单价）应增大 10%，因而安装费（合计）也增大 10%。

(四)施工临时工程

可行性研究报告阶段施工临时工程的项目和工程数量，由于设计深度不同，可能与概算不完全一致，但计算估算的计算式和电算方法与概算相同。不同之处是导流工程、施工交通工程、施工场外供电工程等,用概算定额作的工程单价应增大10%。

(五)独立费用

独立费用项目的估算和电算方法基本与概算的相同,参阅第三章第三节第五部分。

四、计算分年度投资

估算的分年度投资是根据可行性研究报告中施工组织设计安排的施工进度计划确定的各年度完成的工程量而计算出的各年度预计完成的投资量。具体作法与概算中的分年度投资相同,参阅第三章第四节。

五、计算预备费

(一)基本预备费

基本预备费依据分年度投资表内工程一至五部分投资合计的百分率(基本预备费率)计算。根据工程规模、施工年限和地质条件等不同情况,基本预备费率在10%~12%内选定。

(二)价差预备费

价差预备费的计算公式与概算相同。但《编制规定》估算不计算资金流量。因此,估算的价差预备费以分年度投资表的静态投资(一至五部分投资与基本预备费之和)为计算基数(概算是以资金流量表的静态投资为计算基数)。年物价指数与概算相同。

估算预备费的电算方法与概算相同,参阅第三章第四节。

六、计算建设期融资利息

估算建设期融资利息的计算公式形式与概算相同。由于估算不计算资金流量,因而在计算公式中的“在建设期资金流量内第n、m年的投资”应改为“在分年度投资表内第n、m年的投资”。年利率及电算方法与概算相同,参阅第三章第四节。

七、总投资估算

总投资估算的构成与概算相同,如下式:

静态总投资=一至五部分投资+基本预备费

总投资=静态总投资+价差预备费+建设期融资利息

总投资估算的电算方法,参阅第三章第五节。

八、估算表格

估算的表格基本与概算表格相同。主要包括工程估算总表、估算表、基础单价及工程单价计算表,单价及工料数量汇总表。

表格形式参阅第三章各相应表格。

【复习题】

1.投资估算与设计概算有哪些不同之处?

2.计算表3-39所示工程的估算。哪些费用须做改变?

[提示]利用Excel数据修改后用该数据计算结果能自动修改的功能,作快捷计算。

第五章　预算电算编制简述

水利工程施工图设计阶段须编制施工图预算。为了满足施工进度要求,施工图设计是单项设计逐次出图,施工图预算随单项工程设计逐次作出,最后再汇总成总预算。

建设单位在工程招标之际,须作标底。投标企业在投标之际须作报价。标底与报价均与施工图预算相当。

施工图预算主要作建筑工程、设备及安装工程和施工临时工程预算。独立费用不再重作。标底与报价只作招投标工程项目的预算。施工图设计已考虑了各种细部结构工程。因此,建筑、安装工程不再另列细部结构工程。

施工阶段要编制施工预算,用做施工成本管理。

第一节　预算定额简介

编制施工图预算须用预算定额。

水利工程预算定额包括《水利建筑工程预算定额》和《水利水电设备安装工程预算定额》。计算施工机械台时费与概算相同,仍用《水利工程施工机械台时费定额》。

一、预算定额内容组成

预算定额包括总说明、各章说明和定额表。

定额表包括适用范围、工作内容、单位和编号。有些定额表表下还有“注”。

定额表内列出 1 个定额单位的该项工程所需的工、料、机数量。

二、预算定额的有关规定

（一）水利建筑工程预算定额的有关规定

(1)该定额适用于海拔高程小于或等于2000m地区的工程项目。海拔高程大于2000m的地区，根据水利枢纽工程所在地的海拔高程及规定的调整系数计算。调整系数见《水利建筑工程预算定额》总说明。

海拔高程应以拦河坝或水闸顶部的海拔高程为准，没有拦河坝或水闸的，以厂房顶部海拔高程为准。一个建设项目只采用一个调整系数。

(2)材料定额中，未列品种、规格的，可根据设计选定的品种、规格计算，定额数量不得调整。凡材料已列示了品种、规格的，编制预算单价时不予调整。

材料定额中，一种材料名称之后，同时并列了几种不同型号规格的，只选其中一种计价；一种材料分几种型号规格与材料名称同时并列的，应同时计价。

(3)机械定额中，一种机械名称之后，同时并列几种型号规格的，只选其中一种计价；一种机械分几种型号规格与机械名称同时并列的，应同时计价。

(4)定额中的其他材料费以主要材料费之和为计算基数；其他机械费以主要机械费之和为计算基数；零星材料费以人工费、机械费之和为计算基数。

(5)定额用数字表示的适用范围：只用一个数字表示的，仅适用于该数字本身；当所选定额介于两个子目之间时，用插入法计算；数字用上下限表示的，如2000～2500，适用于大于2000、小于或等于2500的数字范围。

(6)汽车的运输定额，适用运距在10km以内的场内运输。运距超过10km时，超过部分按增运1km的台时乘以0.75的系数计算。

（7）定额中不含超挖超填量。

（8）压实工程的备料量和运输量，应考虑开挖、土料运输、雨后清理、边坡削坡、接缝削坡、施工沉陷、取土坑、试验坑和不可避免的压坏等损耗因素，按下式计算：

$$每100压实成品方需要的自然方量=(100+A)\times\frac{设计干密度}{天然干密度}$$

式中 A——综合考虑各损耗因素的系数，称综合系数，见表5-1。

表5-1 综合系数表

项目	A(%)	项目	A(%)
机械填筑混合坝坝体土料	5.86	人工填筑心(斜)墙土料	3.43
机械填筑均质坝坝体土料	4.93	坝体砂砾、反滤料	2.20
机械填筑心(斜)墙土料	5.70	坝体堆石料	1.40
人工填筑坝体土料	3.43		

（二）水利水电设备安装工程预算定额的有关规定

（1）该定额适用于海拔高程小于或等于2000m地区的工程，海拔高程大于2000m的地区的调整系数与建筑工程相同。

（2）定额中数字适用范围：只用一个数字表示的，仅适用于该数字本身；数字后面用“以上”、“以外”表示的，均不包括数字本身，用“以下”、“以内”表示的，均包括数字本身；数字用上下限表示的，如2000～2500，相当于自2000以上至2500以下止。

（3）按设备重量划分子目的定额，当所求设备的重量介于同型号设备的子目之间时，按插入法计算安装费。

（4）未计价材料（如管路、电缆、母线、金具等）的用量，应根据施工图设计量并计入规定的操作损耗量。

（5）计算装置性材料预算用量时，应按规定的操作损耗率计入操作损耗量，操作损耗率详见《水利水电设备安装工程预算定额》

总说明第十五条。

(6)定额中其他材料费以主要材料费之和为计算基数;其他机械费以主要机械费之和为计算基数;零星材料费以人工费、机械费之和为计算基数。

三、预算定额使用应注意的事项

在划分工程分项时,要与预算定额取得一致,以便套用定额。

使用预算定额,其适用范围、工作内容应与分项工程相符。更要仔细阅读总说明、各章说明和表下注,以准确使用定额。

第二节 施工图预算

一、人工、材料、机械台时单价计算

人工、材料、机械台时单价的计算方法与概算相同,这里不再做叙述。

二、建筑工程、安装工程单价计算

建筑工程、安装工程单价的计算方法与概算相同,但须用预算定额。

【例 5-1】 计算设计干密度 16.68kN/m^3,用羊脚碾碾压坝体填土的单价。

查《水利建筑工程预算定额》77 页——46 节羊脚碾压实介绍表中的 10470 子目。将工、料、机用料输入建筑工程单价表,然后计算。见表 5-2。

用 Excel 计算过程与概算相同,参阅表 3-12 的计算。

三、建筑工程、安装工程预算

用 Excel 计算建筑工程、安装工程预算的方法与概算相同,只

是要用预算定额。

表 5-2 建筑工程单价表

F8 = =D8*E8

	A	B	C	D	E	F
1	建筑工程单价表					
2	定额编号：10470 项目：坝体填土压实 定额单位：100m³实方					
3	施工方法：用羊脚碾碾压					
4	编号	名称及规格	单位	数量	单价(元)	合计(元)
5	一	直接工程费	元			352.03
6	1	直接费	元			312.92
7	①	人工费	元			81.78
8		初级工	工时	26.90	3.04	81.78
9	②	零星材料费	%	10.00		28.45
10	③	机械使用费	元			202.69
11		羊脚碾8~12t	台时	1.54	2.92	4.50
12		拖拉机74kW	台时	1.54	69.31	106.74
13		推土机74kW	台时	0.50	92.84	46.42
14		蛙式打夯机2.8kW	台时	1.00	13.66	13.66
15		刨毛机	台时	0.50	58.71	29.36
16		其他机械费	%	1.00		2.01
17	2	其他直接费	%	3.50		10.95
18	3	现场经费	%	9.00		28.16
19	二	间接费	%	9.00		31.68
20	三	企业利润	%	7.00		26.86
21	四	税金	%	3.22		13.22
22		合计				423.79

建筑单价 / 建筑预算 / 工程量清单 /

预算定额与概算定额相比，预算定额的子目划分较细。做预算时分部分项工程的划分要与预算定额一致。例如，预算定额中的石方开挖分为一般石方开挖和保护层石方开挖，而在概算定额中的一般石方开挖已包括保护层开挖。又如，填方压实，概算定额中包括了填料挖运方量，而预算定额则不包括填料挖运量，填料挖运量应另外计算。

【例 5-2】 做某均质土坝的施工图预算。该土坝包括的分项工程及所选施工方法如下。

(1)削坡土方为Ⅲ级土,11000m^3。用 2m^3 挖掘机开挖、8t 自卸汽车运土、运距 2km。

(2)削坡石方:岩石为Ⅸ级,一般石方开挖方量为 2080m^3,保护层开挖为 520m^3。用手持风钻开挖,石渣装运用 2m^3 挖掘机、8t 自卸汽车,运距 2km。

(3)坝基清除砂砾石 23000m^3,按Ⅳ级土计算。用 2m^3 挖掘机和 8t 自卸汽车挖运,运距 2km。

(4)坝基岩石开挖:一般石方开挖 28960 m^3,保护层开挖 7240 m^3。岩石属Ⅸ级,用手持风钻开挖,石渣装运用 2m^3 挖掘机和 8t 自卸汽车,运距 2km。

(5)坝体堆石体 12000m^3,装运量为 $1.4 \times 12000 = 16800m^3$。用 2 m^3 挖掘机装车、8t 自卸汽车运输,运距 2km。用振动碾压实。

(6)坝体填土 1800869m^3,设计干密度为 16.68kN/ m^3,土料干密度为 14.50kN/ m^3。

挖运方量 $= (100 + 4.93) \times \dfrac{16.68}{14.50} \times 1800869/100 = 2173751.22m^3$,土料属Ⅲ级,用 2$m^3$ 挖掘机挖装、8t 自卸汽车运输,运距 2km。用羊脚碾压实。

(7)反滤料填筑方量为 15230m^3,装运量为 $2.2 \times 15230 = 33506m^3$。用 2$m^3$ 挖掘机装车、8t 自卸汽车运输,运距 2km。用振动碾压实。

(8)干砌石护坡 11858m^3,人工砌筑、胶轮车运料。

(9)防浪墙浆砌石 150m^3,人工砌筑、胶轮车运料。

(10)坝顶干砌石 516m^3,人工砌筑、胶轮车运料。

解:按照所选施工方法,查预算定额,对各分项工程作单价计算,求出单价。将各分项工程的工程数量和单价输入建筑工程预算表,见表 5-3。然后计算。

击活 F4 单元格,输入“=D4 * E4”,确认。

下拉到 F25 单元格。

击活 F26 单元格,输入“=SUM(F4:F25)”,确认。

表 5-3 建筑工程预算表

F4 = =D4*E4

	A	B	C	D	E	F
1	建筑工程预算表					
2	序号	工程或费用名称	单位	数量	单价(元)	合计(元)
3	一	土坝工程				
4	1	削坡土方	$100m^3$	110.00	1147.47	126221.70
5	2	削坡石方				
6	(1)	石方开挖	$100m^3$	20.80	1793.38	37302.30
7	(2)	保护层开挖	$100m^3$	5.20	5161.17	26838.08
8	(3)	石渣运输	$100m^3$	26.00	1997.58	51937.08
9	3	坝基清除砂砾石	$100m^3$	230.00	1250.74	287670.20
10	4	坝基岩石开挖				
11	(1)	石方开挖	$100m^3$	289.60	1406.34	407276.06
12	(2)	保护层开挖	$100m^3$	72.40	4416.68	319767.63
13	(3)	石渣运输	$100m^3$	362.00	1997.58	723123.96
14	5	堆石排水体填筑				
15	(1)	堆石料挖运输	$100m^3$	168.00	1997.58	335593.44
16	(2)	振动碾压实	$100m^3$	120.00	234.77	28172.40
17	6	坝体填土				
18	(1)	土料挖运	$100m^3$	21737.51	1147.47	24943140.60
19	(2)	羊脚碾压实	$100m^3$	18008.69	432.79	7793980.95
20	7	反滤料填筑				
21	(1)	反滤料装运输	$100m^3$	335.06	1250.74	419072.94
22	(2)	振动碾压实	$100m^3$	152.30	269.51	41046.37
23	8	干砌石护坡	$100m^3$	118.58	13971.72	1656766.56
24	9	防浪墙浆砌石	$100m^3$	1.50	48351.07	72526.61
25	10	坝顶干砌石	$100m^3$	5.16	13534.96	69840.39
26		合计				37340277.27

建筑单价 / 建筑预算 / 工程量清单 /

第三节　标底与报价编制简述

标底与报价只作招标项目的预算。两者的分项工程的划分及工程量相一致。但采用的施工方法不一定完全一致。采用的预算定额也不一定相同。标底根据招标工程所属中央或地方可参照部或省、自治区、直辖市颁布的预算定额，报价可参照部、省、自治区、直辖市颁布的预算定额，也可以用自己企业的预算定额。

一、标底

编制标底的工程项目和各项工程的数量是招标文件所列的各项工程数量。

各项工程的单价按照通常的施工方法编制。一项分项工程可以采用不同的施工方法、不同的施工机械去完成。例如，挖装运土料可用不同斗容的挖掘机和不同载重量的自卸汽车，又如，干砌石护坡可以采用人工施工，也可以采用反铲挖掘机施工等。因此，编制标底单价应选择较经济或满意的施工方法和施工机械。标底应按招标工程是中央投资或地方投标采用部或省、自治区、直辖市规定的费率。

标底编制的程序如下：

(1)计算人工、材料、机械台时单价；

(2)计算建筑工程、安装工程单价；

(3)计算建筑工程、安装工程预算。

用 Excel 编制标底的计算方法与施工图预算相同。

二、报价

编制报价的工程项目和各项工程的数量是招标文件所列的各项工程的数量。但应详细校核，如有错误或遗漏，应请招标单位核实更正。

编制报价宜按照投标企业本身的施工经验和拥有的施工机械，选择力所能及的先进施工方法，满足招标的工期要求和降低报价。

报价的单价计算可以参照部、省、自治区、直辖市颁布的预算定额，也可用投标企业自己的预算定额。取费费率，除税率须按规定外，其他费率投标企业可作适当调整。

为了能够中标，报价应低而适度，使报价具有竞争性，报价偏高会失标。将报价由小到大排列，进入前三名的报价方有中标的可能。通常报价高出标底5%，就会失标。但报价也不能低于成本，否则，也会失标，即使中标，也会亏损。

投标企业通常采用降低其他直接费费率、现场经费费用、间接费费率、企业利润率，或者将工程单价乘以小于1的调整系数，或者通过优化施工过程、采用先进的施工技术等措施，降低报价，增加竞争力。

报价编制的程序与标底相同。

用Excel编制的计算方法与施工图预算相同。

报价的主要文件是工程量清单(即报价表)。

【例5-3】 表5-4所示报价是按水利部颁布的预算定额所做。为了降低报价，间接费费率用6%，企业利润率用5%，相当于工程单价调整系数为0.9634。

三、综合系数的利用

综合系数是将其他直接费费率、现场经费费率、间接费费率、企业利润率、税率综合在一起的一个系数。

综合系数=(1+其他直接费费率+现场经费费率)×(1+间接费费率)×(1+企业利润率)×(1+税率)

表 5-4 工程量清单

F18 = =SUM(F4:F17)

	A	B	C	D	E	F
1	工程量清单					
2	序号	工程或费用名称	单位	数量	单价(元)	合计(元)
3	一	土坝工程				
4	1	削坡土方	$100m^3$	110.00	1105.47	121601.70
5	2	削坡石方				
6	(1)	石方开挖与运渣	$100m^3$	20.80	3652.21	75965.97
7	(2)	保护层开挖与运渣	$100m^3$	5.20	6896.74	35863.05
8	3	坝基清理砂砾石	$100m^3$	230.00	1204.96	277140.80
9	4	坝基岩石开挖				
10	(1)	石方开挖与运渣	$100m^3$	289.60	3279.34	949696.86
11	(2)	保护层开挖与运渣	$100m^3$	72.40	6179.50	447395.80
12	5	堆石排水体	$100m^3$	120.00	2920.43	350451.60
13	6	坝体填土	$100m^3$	18008.69	1751.32	31538978.97
14	7	反滤料填筑	$100m^3$	152.30	2910.56	443278.29
15	8	干砌石护坡	$100m^3$	118.58	13460.36	1596129.49
16	9	防浪墙浆砌石	$100m^3$	1.50	46581.42	69872.13
17	10	坝顶干砌石	$100m^3$	5.16	13039.58	67284.23
18		合计				35973658.89

建筑单价 / 建筑预算 / 工程量清单

用综合系数计算建筑、安装工程单价时只要计算出直接费，再乘以综合系数。

建筑、安装工程单价＝直接费×综合系数

在做标底或报价比较方案时，用综合系数做单价，快速省时。

以表 5-2 为例，直接费为 312.92 元。

综合系数＝(1＋3.5%＋9%)×(1＋9%)×(1＋7%)×(1＋3.22%)＝1.354336718。

单价＝312.92×1.354336718＝423.799 元。

第四节　施工预算编制简介

施工预算是施工企业在施工过程中用施工定额编制的预算，用于施工过程的成本控制、经济核算和施工任务单的签发与结算。

施工预算与施工图预算不同之处在于：

(1)施工图预算用预算定额，施工预算用施工定额。

(2)施工预算须作两算对比，即施工预算与施工图预算的直接费(人工费、材料费、机械费)分项对比和工、料、机的用量对比。

施工预算编制的电算方法与施工图预算相同，举例如下。

【例 5-4】　做例 5-1 所示土坝填筑工程的施工预算(坝体方量 1800869m^3)并做两算对比。

解：过程如下。

1.做施工预算(仅做直接费)

做施工预算见表 5-5。该工地普工工资 3.13 元/工时，机械工工资 5.78 元/工时，柴油 3.45 元/kg，电 0.495 元/(kW·h)。

表 5-5　土坝坝体填筑施工预算单价(直接费)

E3　=1800869/100*D3

	A	B	C	D	E	F	G
1	表5-5土坝坝体填筑施工预算单价（直接费）单位：100m^3						
2	序号	名称及规格	单位	定额	数量	单价（元）	合计（元）
3	1	人工费	工时	24.21	435990.38	3.13	1364649.89
4	2	零星材料费	%	10			486021.64
5	3	机械费					3495566.49
6	①	羊脚碾12t	台时	1.46	26292.69	2.92	76774.65
7	②	拖拉机74kW	台时	1.46	26292.69	69.60	1829971.22
8	③	推土机74kW	台时	0.48	8644.17	93.11	804858.67
9	④	蛙夯2.8kW	台时	0.95	17108.26	13.98	239173.47
10	⑤	刨毛机	台时	0.48	8644.17	59.02	510178.91
11	⑥	其他机械费	%	1			34609.57
12		总计					5346238.02

施工预算 / 施工图预算 / 直接费对比 / 工、料、机对比 /

首先查当地省、自治区或直辖市水利厂(局)制定的施工定额(也可用企业自己的施工定额)，将工、料、机的定额用量输入到 D 列相应单元格。在F列输入施工企业的工、料、机单价,然后计算。

(1)计算工、料、机数量。击活E3单元格,输入"=1800869/100*D3",确认,在E3单元格即显示出(工时)数量。用下拉法求出各机械(台时)数量。

(2)计算工、料、机费用合计。击活G3单元格,输入"=E3*F3",确认。下拉到G10单元格。

(3)计算其他机械费。击活G11单元格,输入"=SUM(G6:G10)*D11/100",确认。

(4)计算机械费。击活G5单元格,输入"=SUM(G6:G11)",确认。

(5)计算零星材料费。击活G4单元格,输入"=(G3+G5)*D4/100",确认。

(6)计算总计(直接费)。击活G12单元格,输入"=SUM(G3:G5)",确认。

2.做施工图预算

做两算对比,事先要作出施工图预算,见表5-6。

表5-6 土坝坝体填筑施工图预算单价(仅直接费)

E3 = =1800869/100*D3

	A	B	C	D	E	F	G
1	表5-6土坝坝体填筑施工图预算单价 单位:100m^3						
2	序号	名称及规格	单位	定额	数量	单价(元)	合计(元)
3	1	人工费	工时	26.90	484433.76	3.04	1472678.63
4	2	零星材料费	%	10			512260.65
5	3	机械费					3649927.89
6	①	羊脚碾12t	台时	1.54	27733.38	2.92	80981.47
7	②	拖拉机74kW	台时	1.54	27733.78	69.31	1922200.57
8	③	推土机74kW	台时	0.50	9004.35	92.84	835963.85
9	④	蛙夯7.8kW	台时	1.00	18008.69	13.66	245998.71
10	⑤	刨毛机	台时	0.50	9004.35	58.71	528645.39
11	⑥	其他机械费	%	1			36137.90
12	合计						5634867.17

施工预算 / 施工图预算 / 直接费对比 / 工、料、机对比 /

3.两算直接费对比

见表5-7。

计算过程如下:

(1)由表5-5(施工预算)和表5-6(施工图预算)调入人工费、材料费、机械费和直接费。

击活D3单元格,输入"=施工图预算!$G$3/10000",确认。用下拉法求出D4、D5单元格的数据。

击活D6单元格,输入"=施工图预算!$G$12/10000",确认。同法可调入E3～E6单元格的数字。

表5-7 两算直接费对比表

D3 = =施工图预算!$G3/10000

	A	B	C	D	E	F	G
1	表5-7两算直接费对比表						
2	序号	项目	单位	施工图预算	施工预算	差额	差额%
3	1	人工费	万元	147.27	136.46	10.81	7.34
4	2	材料费	万元	51.23	48.60	2.63	5.13
5	3	机械费	万元	364.99	349.56	15.43	4.23
6	4	直接费	万元	563.49	534.62	28.87	5.12

施工预算 / 施工图预算 / 直接费对比 / 工、料、机对比 /

(2)计算两算差额,击活F3单元格,输入"=D3-E3",确认,F3单元格即显示出两算人工费差额。用下拉法求出材料费、机械费和直接费的差额。

(3)计算差额占施工图预算的百分数。击活G3单元格,输入"=F3/D3*100",确认,G3单元格即显示人工费差额的百分数。用下拉法求出材料费、机械费和直接费差额的百分数。

4.两算工、料、机用量对比

见表5-8。

计算过程如下:

(1)先调入D、E两列数据;

(2)计算差额;

(3)计算差额百分比。

具体计算方法与表5-7相同。

通过两算对比,可以看出,按施工预算进行工程施工成本控

表 5-8　两算工、料、机用量对比表

G9　=　=F9/D9*100

	A	B	C	D	E	F	G
1	表5-8两算工、料、机用量对比表						
2	序号	项目	单位	施工图预算	施工预算	差额	差额%
3	1	人工	工时	484433.76	435990.38	48443.38	10.00
4	2	材料	万元	512260.65	486021.64	26239.01	5.12
5	3	羊脚碾12t	台时	27733.38	26292.69	1440.69	5.19
6	4	拖拉机74kW	台时	27733.38	26292.69	1440.69	5.19
7	5	推土机74kW	台时	9004.35	8644.17	360.18	4.00
8	6	蛙夯2.8kW	台时	18008.69	17108.26	900.43	5.00
9	7	刨毛机	台时	9004.35	8644.17	360.18	4.00

施工预算／施工图预算／直接费对比＼工、料、机对比／

制,工、料、机均较施工图预算降低。施工企业可获得较大经济效益。

【练习题 5-1】　做表 5-4 中的单价。

【练习题 5-2】　施工企业现有 $1m^3$、$2m^3$、$3m^3$ 挖掘机和 8t、10t、12t 自卸汽车,选择挖装运土料、石渣的较经济方案运距 2km,按较经济方案作表 5-4 所示土坝工程的报价,有关定额如附表 5-1、附表 5-2 所示。

附表 5-1　挖掘机挖装土自卸汽车运输定额

适用范围:Ⅲ类土、露天作业

工作内容:挖装、运输、卸除、空回　　　　单位:$100m^3$

项目	单位	运距 2km		
		$1m^3$ 挖掘机	$2m^3$ 挖掘机	$3m^3$ 挖掘机
初级工	工时	6.7	4.3	3.1
零星材料费	%	4	4	4
挖掘机 $1m^3$	台时	1.0		
挖掘机 $2m^3$	台时		0.64	
挖掘机 $3m^3$	台时			0.46

续附表 5-1

项目	单位	运距 2km		
		1m³ 挖掘机	2m³ 挖掘机	3m³ 挖掘机
推土机 59kW	台时	0.50	0.32	
推土机 88kW	台时			0.23
自卸汽车 8t	台时	8.40	8.02	
自卸汽车 10t	台时	7.66	7.19	
自卸汽车 12t	台时		6.46	6.33
定额编号		10366	10372	10378

附表 5-2　施工机械台时费定额

项 目		单位	挖掘机 1m³	挖掘机 2m³	挖掘机 3m³	推土机 59kW	推土机 88kW	自卸汽车 8t	自卸汽车 10t	自卸汽车 12t
(一)		元	63.27	147.30	258.00	24.31	56.85	36.14	48.79	58.02
(二)	人工	工时	2.7	2.7	2.7	2.4	2.4	1.3	1.3	1.3
	柴油	kg	14.9	20.2	34.6	8.4	12.6	10.2	10.8	12.4
编 号			1009	1011	1013	1042	1044	3013	3015	3016

参 考 文 献

［1］ 中华人民共和国水利部.水利工程设计概(估)算编制规定.郑州:黄河水利出版社,2002

［2］ 中华人民共和国水利部.水利建筑工程概算定额.郑州:黄河水利出版社,2002

［3］ 中华人民共和国水利部.水利建筑工程预算定额.郑州:黄河水利出版社,2002

［4］ 中华人民共和国水利部.水利水电设备安装工程概算定额.郑州:黄河水利出版社,2002

［5］ 中华人民共和国水利部.水利水电设备安装工程预算定额.郑州:黄河水利出版社,2002

［6］ 中华人民共和国水利部.水利工程施工机械台时费定额.郑州:黄河水利出版社,2002

［7］ 国家发展计划委员会,建设部.工程勘察设计收费标准.北京:中国物价出版社,2002

［8］ 北京东方人华科技有限公司.Excel 2002 中文版入门与提高.北京:清华大学出版社,2001